职业教育院校机电类专业系列教材

模具概论与典型结构

主　编　苏　伟　朱红梅

副主编　姜庆华

参　编　陈　静　杨伟峰

U0379490

机 械 工 业 出 版 社

本书根据"以工作过程为导向"的高等职业教育理念,由浅入深地介绍了模具工业的发展史、现状和发展趋势,典型模具的结构和特点,模具制造技术以及模具的维护和修理等内容,对读者系统学习模具有很强的启发和指导意义。

本书适合作为中等职业学校机械类专业"模具基础"课程的入门教材,也非常适合作为培训学校的教学用书。

为便于教学,本书配有相关教学资源,选择本书作为教材的教师可登录 www.cmpedu.com 网站,注册、免费下载。

图书在版编目(CIP)数据

模具概论与典型结构/苏伟,朱红梅主编. —北京:机械工业出版社,2017. 5(2025. 1 重印)
职业教育院校机电类专业系列教材
ISBN 978-7-111-56806-3

Ⅰ.①模… Ⅱ.①苏… ②朱… Ⅲ.①模具-制造-高等职业教育-教材
Ⅳ.①TG76

中国版本图书馆 CIP 数据核字(2017)第 103899 号

机械工业出版社(北京市百万庄大街 22 号 邮政编码 100037)
策划编辑:汪光灿 责任编辑:汪光灿 杨 璇
责任校对:潘 蕊 封面设计:张 静
责任印制:张 博
北京建宏印刷有限公司印刷
2025 年 1 月第 1 版第 7 次印刷
184mm×260mm・12 印张・289 千字
标准书号:ISBN 978-7-111-56806-3
定价:36. 00 元

电话服务   网络服务
客服电话:010-88361066   机 工 官 网:www.cmpbook.com
          010-88379833   机 工 官 博:weibo.com/cmp1952
          010-68326294   金 书 网:www.golden-book.com
封底无防伪标均为盗版   机工教育服务网:www.cmpedu.com

preface 前言

　　模具是制造业的重要基础工艺装备。制造业，特别是装备制造业的整体能力和水平，与模具生产的发展水平关系极大。模具生产具有节能、节材、生产率高、制造成本低及产品一致性好等特点。

　　本书编写中力求体现当前职业教育改革精神，吸取近年来模具专业教学改革的经验，降低了知识的理论深度，强调了内容的实用性和先进性，反映了模具工程技术中的新技术、新工艺、新理念和新模式及其发展方向，培养学生的创新能力、创业能力和实践能力，在内容安排上按照教学基本要求，适合3年制高职使用。

　　本书的教学目标是培养学生掌握模具的基础知识，了解现代模具技术的发展方向，初步形成应用现代模具技术解决实际生产问题的能力。

　　本书采用目标教学法，学习每一章都要达到一定的学习目标。通过实践教学，使学生具备识读典型模具结构的能力，了解典型模具制造设备及工装的能力。

　　本书每章都设有学习目标和思考与练习，以便于学习者自习、复习及巩固所学知识。本书按最新的国家标准及行业标准编写，参考教学学时为72学时（4学分），各章参考教学学时如下。

章　次	课　程　内　容	学　　时	
		讲　授	实　训
第1章	认识模具	2	
第2章	冲压工艺与冲模结构	20	4
第3章	塑料成型工艺与塑料模结构	12	4
第4章	金属压铸模和其他模具工艺与结构	12	
第5章	模具制造技术	10	
第6章	模具的维护和修理	4	
	机动	4	
合　　计		64	8

　　本书由苏伟和朱红梅担任主编，姜庆华担任副主编。其中苏伟编写第4章和第5章，朱红梅编写第2章，姜庆华编写第3章，陈静编写第6章，杨伟峰编写第1章。在本书编写过程中得到了中航吉航维修有限责任公司王军高级工程师的帮助，在此表示感谢。

　　由于编者水平有限，书中难免存在一些缺点和错误，恳请广大读者批评指正。

编　者

contents

第1章 认识模具

学习目标

1. 掌握模具的概念、特点和分类。
2. 了解模具工业的地位与作用。
3. 了解模具的发展史。
4. 了解模具的标准化。

学习内容

1.1 模具与模具工业

1. 模具的概念

模具是指在外力作用下使坯料成为有特定形状和尺寸的制件的工具。它广泛用于冲裁、模锻、冷镦、挤压、粉末冶金件压制、压力铸造，以及工程塑料、橡胶、陶瓷等制品的压塑或注射的成型加工中。使用模具生产的产品在日常生活中随处可见，雪糕和月饼都是由简单的模具制成的。雪糕和制作雪糕的模具如图1-1所示。再如，日常生活中的塑料制品，如手机壳、儿童玩具、塑料盆、水杯、塑料凳等，金属制品，如勺子、叉子、锅、钢盆、计算机零件、汽车零部件、武器等，都与模具有着密切的联系。

a) 雪糕   b) 模具

图1-1 雪糕和制作雪糕的模具

2. 模具的特点

随着科学技术的发展，模具广泛应用于机械、电气、电子、仪器仪表、家用电器、汽车和武器等产品的生产中。与传统加工方法相比，它有着独特的特点。

（1）制件的互换性好 在模具的使用寿命范围内，制件可实现完全互换。

（2）生产率高 采用模具成形加工，制件的生产率高。高速冲压可达1800次/min，常用冲模为 200~600 次/min。塑料制件可在 1~2min 内成型。采用高效辊锻工艺和辊锻模，可进行连杆锻件连续辊锻成形。

（3）消耗低、绿色环保　模具生产制件的方式是一种少、无切削的加工方法，是绿色环保的加工方法。

（4）社会效益高　模具是高技术含量、高附加值的社会产品，其价值和价格主要取决于模具材料、加工、外购件的劳动与消耗费用及模具设计与试模等费用。尽管模具的一次性投资较大，但使用模具后，模具用户及产品用户受益很大。

3. 模具的分类

模具的种类繁多，涵盖的范围极为广泛。按所成形的材料不同分类，模具可分为金属模具和非金属模具。金属模具包括冲模（如冲裁模、弯曲模、拉深模、翻孔模、缩孔模、胀形模、整形模等）、锻模（如模锻模、镦锻模等）、挤压模、挤出模、压铸模和锻造模等；非金属模具包括塑料模具和无机非金属模具。而按照模具本身材料的不同，模具可分为砂型模具、金属模具、真空模具、石蜡模具等。随着高分子塑料的快速发展，塑料模具与人们的生活密切相关。塑料模具一般可分为注射成型模具、挤塑成型模具、气辅成型模具等。

4. 模具工业的地位与作用

模具工业是国民经济发展的重要基础工业之一，也是一个国家加工行业发展水平的重要标志。德国把模具称为"金属加工中的帝王"，把模具工业视为"关键工业"。美国把模具称为"美国工业的基石"，把模具工业视为"不可估量其力量的工业"。日本把模具称为"促进社会富裕繁荣的动力"，把模具工业视为"整个工业发展的秘密"。

机械、电子、汽车等国民经济的支柱产业需要大量的模具。在工业化国家中，从 20 世纪 70 年代起，模具工业总产值就开始超过了机床工业总产值，并开始从机床工业或机械工业中分离出来；到 20 世纪 80 年代末，彻底摆脱从属地位而发展成为独立的国民经济基础产业。在我国，据模具工业协会统计，从 1997 年开始，模具工业总产值已开始超过机床工业总产值。在现代化工业生产中，60%~90% 的工业产品需要使用模具加工，许多新产品的开发和生产在很大程度上都依赖模具生产，特别是汽车大型覆盖件模具、电子产品的精密塑料模具和冲压模具等。

模具技术水平的高低，在很大程度上决定着产品的质量、效益和新产品的开发能力，已成为衡量一个国家产品制造水平高低的重要标志。

1.2　模具的发展史

1.2.1　我国模具工业的发展史

中国制造和使用模具已有几千年历史，几千年前的模具水平曾在世界上领先，但作为一个行业，却起步比较晚。与世界工业发达国家的模具工业相比，中国模具工业发展起步要晚几十年，乃至上百年，这可从中国模具工业主要事件发生年代中得到体现，见表 1-1。

近年来，我国模具制造技术在不断发展，模具的加工手段从一般的机械加工、精密加工发展到数控机床加工。我国模具工业总产值从有资料统计开始，逐年递增。20 世纪末以来，我国模具工业总产值稳居亚洲第二，但进口模具仍为亚洲乃至世界第一。我国模具自主独立技术及模具工业总体技术水平仍与世界发达国家有较大差距。20 多年以来，中国模具工业历年销售额和进出口额，见表 1-2。

表1-1 中国模具工业主要事件年表

年份	事件
1946	中国首次派人赴美国学习模具技术,并引进资料和设备
1949~1952	上海、天津等工业城市的机电工业基本恢复正常生产,制造了一些简单的冲压模具和塑料模具。苏联、德国的模具书籍开始相继进入我国
1953	长春第一汽车制造厂在中国首次建立冲模车间 随着156项重点工程开工,中国陆续派人赴苏联、捷克、民主德国等地学习模具设计制造技术
1955	开始翻译出版模具书籍和图册
1962	中国第一家专业模具厂诞生 中国第一个模具技术标准(原一机部部标)颁布
1963	中国第一个模具研究室诞生
1983	成立全国模具标准化技术委员会
1984	中国模具工业协会成立,并应邀派两名代表赴瑞士首次出席与模具有关的国际会议
1987	模具首次被列入中国的"机电产品目录"
1989	中国成立第一个模具技术国家重点实验室
1992	亚洲模具协会理事会(FADMA)成立,中国是成立该组织的发起单位之一,出任两名理事
2002	中国成为国际模协(ISTMA)成员 被称为"中国模具第一股"的模具企业股票上市

表1-2 中国模具工业历年销售额和进出口额

年 份	模具厂家数量	销售额/亿元	进口额/亿美元	出口额/亿美元
1984	6000	15	0.25	0.01
1994	10000	130	7.65	0.39
1999	17000	245	8.83	1.33
2000	17000	280	9.77	1.74
2001	17000	310	11.12	1.88
2002	17000	360	12.72	2.52
2003	20000	450	13.69	3.37
2004	20000	530	18.13	4.91
2005	30000	610	20.68	7.38
2006	30000	710	20.47	10.41
2007	30000	870	20.53	14.13
2008	30000	910	20.04	19.22
2009	30000	985	19.64	18.43
2010	30000	1120	20.62	21.96
2011	30000	1280	22.35	30.05
2012	30000	1380	23.6	32.3
2013	30000	1513	26.02	44.98
2014	30000	1635	25.88	49.19
2015	30000	1740	24.8	50.8

注:数据来源于中国模具工业协会。

1.2.2 我国模具工业的现状

在我国,人们已经越来越认识到模具在制造中的重要基础地位,认识到模具技术水平的高低已成为衡量一个国家制造业水平高低的重要标志,并在很大程度上决定着产品质量、效益和新产品的开发能力。许多模具企业十分重视技术发展,加大了用于技术进步的投资力度,将技术进步视为企业发展的重要动力。此外,许多研究机构和大专院校开展模具技术的研究和开发。目前，从事模具技术研究的机构和院校已达 30 余家，从事模具技术教育培训的院校已超过 50 家。其中，获得国家重点资助建设的有华中理工大学模具技术国家重点实验室、上海交通大学模具 CAD 国家工程研究中心、北京机电研究所精密冲裁技术国家工程研究中心和郑州工业大学橡塑模具国家工程研究中心等。经过多年的努力，在模具 CAD/CAE/CAM 技术、模具的电加工和数控加工技术、快速成形与快速制模技术、新型模具材料等方面取得了显著进步；在提高模具质量和缩短模具设计制造周期等方面做出了贡献。

近年来，伴随着国产设备水平的不断提升，也有不少模具企业开始选择国产机床。超精密镜面铣床、纳米级车铣复合中心、超精密数控车床等也已用于模具制造。不过有些高端设备主要还是靠国外进口。但现阶段我国模具制造业确实取得了显著的成功。据国际模协专家介绍，我国以大型、精密、复杂、长寿命模具为代表的高水平模具的比例已经达到了 1/3 以上。

目前，我国模具工业的最大市场是汽车行业、电子信息行业、家电和办公设备、机械和建材行业。随着我国国民经济的迅速发展，人民收入水平的提高，对汽车、电子消费产品、家电等的需求不断增加，使得这些工业近年来进入一个高速发展的阶段，成为我国模具工业迅速发展的一个重要原因。

1. 冲模技术

以汽车覆盖件模具为代表的大型冲压模具的制造技术已取得很大进步，东风汽车公司模具厂、一汽模具中心等模具厂家已能生产部分轿车覆盖件模具，在设计制造方法和技术手段方面不断改善，在轿车模具国产化方面迈出了可喜的步伐。多工位级进模和多功能模具是我国重点发展的精密模具品种。目前，我国已可制造具有自动冲切、叠压、铆合、计数、分组、转子铁心扭斜和安全保护等功能的铁心精密自动叠片多功能模具，生产的电机定转子双回转叠片硬质合金级进模的步距精度可达 $20\mu m$，寿命达 1 亿次以上。其他的多工位级进模，如用于集成电路引线框架的 $20 \sim 30$ 工位级进模，用于电子枪零件的硬质合金级进模和空调器散热片的级进模，也已达到较高的水平。

2. 塑料模具技术

近年来，塑料模具发展很快，在国内模具工业产值中塑料模具所占比例不断扩大。电视机、空调、洗衣机等家用电器所需的塑料模具基本上可立足于国内生产。重量达 $10 \sim 20t$ 的汽车保险杠和整体仪表板等塑料模具和多达 600 腔的塑封模具已可自行生产。塑料尺寸公差等级可达 IT6~IT7，型面的表面粗糙度 Ra 达到 $0.05 \sim 0.025\mu m$，塑料模具使用寿命达 100 万次以上。在塑料模具的设计制造中，CAD/CAM 技术得到较快的普及，CAE 软件已经在部分厂家应用。热流道技术得到广泛应用，气辅注射技术和高效多色注射技术也开始成功应用。

3. CAD/CAE/CAM 技术

目前，国内模具企业中已有相当多的厂家普及了计算机绘图，并陆续引进了高档 CAD/CAE/CAM，UG、Pro/Engineer、I-DEAS、Euclid-IS 等著名软件在中国模具工业应用已相当广泛。一些企业还引进了 Moldflow、C-Flow、DYNAFORM、Optris 和 MAGMASOFT 等 CAE 软件，并成功应用于塑料模、冲模和压铸模的设计中。

近年来，我国自主开发 CAD/CAE/CAM 系统有很大发展。例如：华中理工大学模具技术国家重点实验室开发的注射模、汽车覆盖件模具和级进模 CAD/CAE/CAM 软件，上海交通大学模具 CAD 国家工程研究中心开发的冲模 CAD 软件、精密冲裁研究中心开发的冲模和精密冲裁模 CAD 软件，北京机电研究所开发的锻模 CAD/CAE/CAM 软件，北航华正软件工程研究所开发的 CAXA 软件，吉林汽车覆盖件成形技术所独立研制的商品化覆盖件冲压成形分析 KMAS 软件等在国内模具行业也拥有不少的用户。

4. 快速成形/快速制模技术

快速成形/快速制模技术在我国得到了重视和发展，许多研究机构致力于这方面的研究开发，并不断取得新成果。清华大学、华中理工大学、西安交通大学和隆源自动成形系统公司等单位都自主研究开发了快速成形技术与设备，生产出分层物体（LOM）、立体光固化（SLA）、熔融沉积（FDM）和选择性烧结（SLS）等类型的快速成形设备。这些设备已在国内应用于新产品开发、精密铸造和快速制模等方面。

国内多家单位也在开展研究快速制模技术，目前研究较多的有电弧喷涂成形模具技术和等离子喷涂制模技术。中、低熔点合金模和树脂冲压模制造技术已获得成功应用，硅橡胶模也应用于新产品的开发中。

5. 其他相关技术

近年来，国内一些钢铁企业相继引进和装备了一些先进的工艺设备，使模具钢的品种规格和质量都有较大改善。在模具制造中已较广泛地采用新钢材，如冷作模具钢 D2、D3、A1、A2、LD、65Nb 等；热作模具钢 H10、H13、H21、4Cr5MoSiV、45Cr2NiMoVSi 等；塑料模具钢 P20、3Cr2Mo、PMS、SMI、SMII 等。这些模具材料的应用在提高质量和使用寿命方面取得了较好的效果。国内一些单位对多种模具抛光方法开展研究，并开发出专用抛光工具和机械。花纹蚀刻技术和工艺水平提高较快，在模具饰纹的制作中应用广泛。

高速铣削加工是近年来发展很快的模具加工技术，国内已有很多公司引进了高速铣床，并开始广泛应用。

1.2.3 模具工业的发展趋势

虽然我国的模具工业和技术在过去的 10 多年得到了快速发展，但与国外工业发达国家相比仍存在较大差距，尚不能完全满足国民经济高速发展的需求。

未来 10 年，中国模具工业和技术的主要发展方向包括以下几方面。

1）提高大型、精密、复杂、长寿命模具的设计制造水平。

2）在模具设计制造中广泛应用 CAD/CAE/CAM 技术。

3）大力发展快速制造成形和快速制造模具技术。

4）在塑料模具中推广应用热流道技术、气辅注射成型和高压注射成型技术。

5）提高模具标准化水平和模具标准件的使用率。

6）发展优质模具材料和先进的表面处理技术。

7）逐步推广高速铣削在模具加工中的应用。

8）进一步研究开发模具的抛光技术和设备。

9）研究和应用模具的高速测量技术与逆向工程。

10）开发新的成形工艺和模具。

同时我们也应看到，目前我国技术含量低的模具已供过于求，市场利润空间狭小，而技术含量较高的中、高档模具还远不能适应国民经济发展的需求，一部分高档模具仍依靠进口，这表明我国模具工业发展的潜力巨大。

1.2.4 我国模具工业与国外的差距

1. 产需矛盾

工业发展水平不断提高，工业产品更新速度加快，对模具的要求越来越高。尽管改革开放以来，模具工业有了较大发展，但无论是数量还是质量上，仍满足不了国内市场的需要，目前满足率只能达到 70% 左右。造成产需矛盾突出的原因，一是专业化、标准化程度低，除少量标准件外购外，大部分工作量均需模具厂去完成，加工企业管理体制上的约束，造成模具制造周期长，不能适应市场要求；二是设计和工艺技术落后，如模具 CAD/CAM 技术应用不普遍，加工设备数控化率低等，也造成模具生产率不高、周期长，具体见表 1-3。

表 1-3 模具生产周期

模具种类	国　　外	国　　内
中型压铸模	1~2 个月	3~6 个月
中型塑料模	1 个月左右	2~4 个月
高精度级进模	3~4 个月	4~5 个月
汽车覆盖件模	6~7 个月	12 个月

2. 产品结构、企业结构等方面

模具按国家标准分为 10 大类，其中冲模、塑料模占模具用量的主要部分。按产值统计，目前我国冲模占 50%~60%，塑料模占 25%~30%。国外先进国家对发展塑料模很重视，塑料模比例一般占 30%~40%。国内模具中，大型、精密、复杂、长寿命模具占比低，约占 20% 左右，国外为 50% 以上。我国模具生产企业结构不合理，生产模具能力主要集中在各主机厂的模具分厂（或车间）内，模具商品化率低，模具自产自用比例高达 70% 以上。国外，70% 以上的模具是商品化的。

3. 产品水平

衡量模具产品水平，主要有模具的加工制造精度和表面粗糙度，加工模具的复杂程度、模具的使用寿命和制造周期等。国内外模具产品水平仍有很大差距，见表 1-4 和表 1-5。

表 1-4 模具制造精度

精度种类	国　　外	国　　内
塑料模型腔精度	0.005~0.01mm，Ra 为 0.10~0.050μm	0.02~0.05mm，Ra 为 0.20μm
压铸模型腔精度	0.01~0.03mm，Ra 为 0.20~0.10μm	0.02~0.05mm，Ra 为 0.40μm
冲模尺寸精度	0.003~0.005mm，Ra 为 0.20μm	0.01~0.02mm，Ra 为 1.60~0.80μm
锻模精度	0.02~0.03mm，Ra 为 0.40μm 以下	0.05~0.10mm，Ra 为 1.60μm
级进模进距精度	0.0023~0.005mm	0.003~0.01mm

表 1-5 模具寿命

模具种类		国　　外	国　　内
压铸模	锌、锡压铸模	100 万~300 万次	20 万~30 万次
	铝压铸模	100 万次以上	20 万次
	铜压铸模	10 万次	5000~1 万次
	钢铁材料压铸模	0.8 万~2 万次	1500 次
塑料模	非淬火钢模	10 万~60 万次	10 万~30 万次
	淬火钢模	160 万~300 万次	50 万~100 万次

（续）

模具种类		国　　外	国　　内
冲模	合金钢质模 硬质合金质模 刃磨	500万~1000万次 2亿次 500万~1000万次/刃磨一次	100万~400万次 6000万~1亿次 100万~300万次/刃磨一次
锻模	普通锻模 精锻模	2.5万次 1万~1.5万次	0.8万~1万次 0.3万~0.8万次
玻璃模		30万~60万次	10万~30万次

4. 工艺装备水平

我国机床工具行业已可提供比较成套的高精度模具加工设备，如加工中心、数控铣床、数控仿形铣床、电加工机床、坐标磨床、光曲磨床、三坐标测量机等。但在加工和定位精度、加工表面粗糙度、机床刚性、稳定性、可靠性、刀具和附件的配套性方面，和国外相比，仍有较大差距。

1.3　模具标准化

工业较为发达的国家，对标准化工作都十分重视，因为标准化能给工业带来质量、效率和效益。模具是工业产品，标准化工作同样十分重要。中国模具标准化工作起步较晚，模具标准化落后于生产，更落后于世界上许多工业发达国家。国外模具发达国家，如日本、美国、德国等，模具标准件的生产与供应，已形成了完善的体系。目前我国模具生产有了很大发展，但与工业生产要求相比，尚很不适应，其中一个重要原因就是模具标准化程度和水平不高。

1.3.1　模具标准的分类及体系

1. 模具标准化的意义

1）提高使用性能和质量。实现模具零部件标准化，可使90%左右的模具零部件实现大规模、高水平、高质量的生产，要比单件和小规模生产的零部件质量和精度要高很多，如国家标准模架的位置公差可控制在0.008/100的水平。由于专业化生产的标准零部件的结构日渐完善和先进，为提高模具质量、使用性能和可靠性，提供了坚实的保证。

2）节约工时和原材料，缩短生产周期。模具零部件标准化、规模化和专业化生产，可大量节约原材料，大幅度提高原材料的利用率，原材料利用率可达85%~95%。塑料注射模的生产工时，可节约25%~45%，即相对于单件生产，可缩短30%~40%的生产周期。目前，在工业发达国家，中小型冲模、塑料注射模、压缩模等模具标准件使用覆盖率已达80%~90%；大型模具配件标准化程度也很高。除特殊模具外，其零部件基本上都实现了标准化。

3）现代化生产技术需要标准化。实行模具的CAD/CAM，采用软件绘图，实现计算机管理和控制，模具标准化是模具科学化、优化设计和制造的基础。

4）可有效降低生产成本，简化生产管理和减少企业库存，是提高企业经济、技术效益的有力措施和保证。

模具标准化和标准件的专业化生产是模具工业建设的产业基础，对整个工业建设有着重大的经济和技术意义。

2. 模具技术标准及依据

模具技术标准是模具企业必须遵守的行业或专业规范，也是一种社会规范。模具技术标准多为推荐性标准，为非强制执行的行业规范，即企业可参照执行，但参照执行的唯一方法为：以国家发布的标准为基础，制订企业标准，而企业标准的质量指标须高于或等于国家标准，其产品结构须比国家标准规定的结构优越、先进。自1983年9月全国模具标准化技术委员会成立以来，其组织制定国家标准和行业标准940项，300余标准号。一些使用量大、使用面广的模具，基本上都制定了标准。

3. 模具技术标准分类及标准体系

模具技术标准共分四类：模具产品标准（含标准零、部件标准等）、模具工艺质量标准（含技术条件标准等）、模具基础标准（含名词术语标准等）和相关标准。

标准体系表是计划与规范性的文件。它是由全国模具标准化技术委员会制订、审查，由标准化管理部门审查批准，并编入国家标准体系表，作为其一部分，是其一个支体系。

模具体系表主要是计划或规划制订的标准项目及项目系列；是制订模具标准项目年度计划的依据。未列入标准体系表的项目，除经批准外，一般不能列入年度计划。因此，模具标准体系表必须具有科学性、实践性和严格的计划性。

模具体系表分四层：第一层为模具；第二层为模具类别（十大类）、模具名称；第三层为每类模具须制定的标准类别，包括基础标准、产品标准、工艺质量标准、相关标准共四类标准的名称；第四层为在每类模具及其标准类别下，列出具体须制订的模具标准项目系列及其名称。

其中：

1）基础标准包括冲模、塑料注射模、压铸模、锻模等模具的名词术语；模具尺寸系列；模具体系表等。

2）产品标准包括冲模、塑料注射模及锻模、挤压模的零件标准；模架标准和结构标准；锻模模块结构标准等。

3）工艺质量标准包括冲模、塑料注射模、拉丝模、橡胶模、玻璃模、锻模、挤压模等模具的技术要求标准；模具材料热处理工艺标准；模具表面粗糙度等级标准；冲模、塑料注射模零件和模架技术条件、产品精度检查和质量等级标准等。

4）相关标准包括模具用材料标准，包括塑料模具用钢、冷作模具钢、热作模具钢等标准。

1.3.2 模具标准件应具备的生产条件

在标准化的基础上，使标准文件中规定的每项标准均成为社会产品和人的实践行为，即组织生产标准件，并转化为工业产品，实现商品化，以供企业或用户选购使用。

标准件的生产须具备的条件如下。

1）要有一定的生产规模，并能产生规模效益，其效益指标反应在质量和创利两方面。冲模模架的规模生产量，就须在保证精度、质量的条件下，达到经济产量或以上生产规模，方能产生规模效益。

2）保证标准件稳定的质量，须采取措施保证标准件的使用互换性和稳定的可靠性，因此标准件生产工艺管理须规范和科学，须采用保证高精、高效的生产装备。

3）销售服务须完善，使用户实现无库存管理，保证用户定量、定期获得供应，建立合作伙伴关系。

思考与练习

1. 按所成形的材料的不同分类，模具可分为_____和_____。
2. 简述模具的特点。
3. 简述模具标准化的意义。
4. 模具的标准分为哪几类？

第2章

冲压工艺与冲模结构

学习目标

1. 了解冲压特点。
2. 能识读常用压力机的型号标注。
3. 了解冲压设备的组成、分类和工作原理。
4. 掌握冲模的基本结构。
5. 了解冲模的装配与试模方法。
6. 掌握冲压常用材料。

 学习内容

2.1 冲压成形设备及工艺

2.1.1 冲压概念及其发展趋势

1. 冲压概念及特点

冲压是利用安装在冲压设备（主要是压力机）上的模具对材料施加压力，使其分离或发生塑性变形，从而获得所需零件（俗称为冲压件或冲件，如图 2-1 所示）的一种压力加

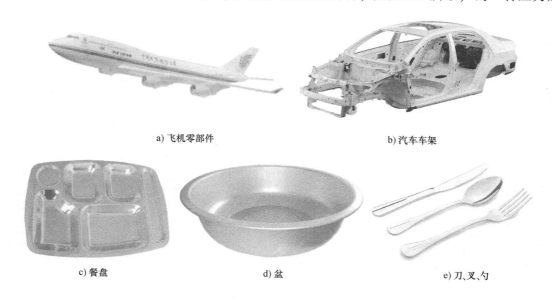

a) 飞机零部件   b) 汽车车架

c) 餐盘   d) 盆   e) 刀、叉、勺

图 2-1　常见的冲压件

工方法。冲压通常是在常温下对材料进行冷变形加工，而且主要采用板料来加工成所需零件，所以也叫板料冲压。冲压是材料压力加工或塑性加工的主要方法之一，属于材料成形工程技术。冲压加工是少（无）屑加工的一种主要方式。

冲压所使用的模具称为冲压模具，简称为冲模。冲模是将材料（金属或非金属）批量加工成所需冲压件的专用工具。冲模在冲压中至关重要，没有符合要求的冲模，批量冲压生产就难以进行；没有先进的冲模，先进的冲压工艺就无法实现。冲压工艺与模具、冲压设备和冲压材料构成冲压的三要素，如图2-2所示。

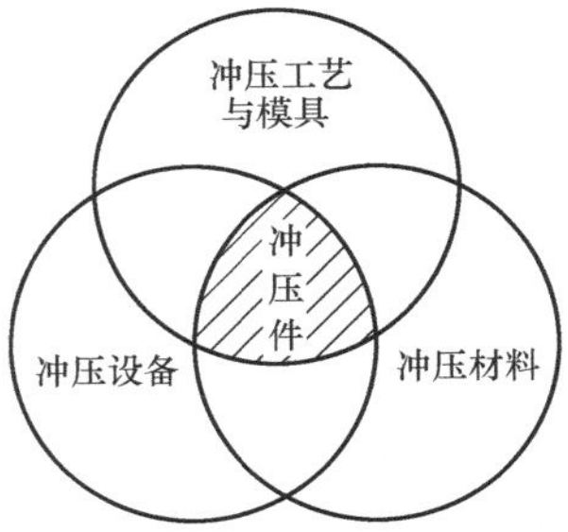

冲压与其他加工方法相比较，具有以下一些特点。

1）在压力机简单冲击下，能够获得其他加工方法难以加工或无法加工的形状复杂的制件。

2）加工的制件尺寸稳定，互换性好。

3）材料的利用率高、废料少，且加工后的制件强度高、刚度好。

图 2-2　冲压三要素

4）操作简单，生产过程易于实现机械化和自动化，生产率高。

5）在大批量生产的条件下，冲压制件成本较低。

但由于模具制造周期长、费用高，因此冲压加工在小批量生产中受到了一定限制。

2. 冲压技术的发展趋势

随着科学技术的不断进步和工业生产的迅速发展，许多新技术、新工艺、新设备、新材料不断涌现，因而促进了冲压技术的不断革新和发展，其发展趋势如下。

（1）新方法和新工艺　利用有限元（FEM）等数值分析方法模拟金属的塑性成形过程，根据分析结果，设计人员可预测某一工艺方案成形的可行性及可能出现的质量问题，并通过在计算机上选择修改相关参数，实现工艺及模具的优化设计。这样既节省了昂贵的试模费用，也缩短了制模周期。

各种冲压新工艺，也是冲压技术的发展方向之一，如精密冲裁工艺、软模成形工艺、高能高速成形工艺、超塑成形工艺及无模多点成形工艺等精密、高效、经济的冲压新工艺，其中精密冲裁是提高冲裁件质量的有效方法。它扩大了冲压加工范围，目前精密冲裁加工零件的最大厚度为25mm，尺寸公差等级可达IT6～IT8。用液体、橡胶、聚氨酯等制作柔性凸模或凹模的软模成形工艺，能加工出用普通加工方法难以加工的材料和复杂形状的零件，在特定生产条件下具有明显的经济效果。采用爆炸等高能高效成形方法可加工各种尺寸大、形状复杂、批量小、强度高和精度要求较高的板料零件。利用金属材料的超塑性进行超塑性成形，可以用一次成形代替多道普通的冲压成形工序，这对于加工形状复杂零件和大型板料零件具有突出的优越性。无模多点成形工艺是用高度可调的凸模群体代替传统模具进行板料曲面成形的一种先进工艺方法。我国已自主设计制造了具有国际先进水平的无模多点成形设备，解决了多点压机成形法，从而可随意改变变形路径与受力状态，提高了材料的成形极限，同时利用反复成形技术可消除材料内的残余应力，实现无回弹成形。无模多点成形系统以 CAD/CAM/CAT 技术为主要手段，能快速经济地实现三维曲面的自动化成形。

一方面，冲压新工艺的高效率、高精度、高寿命及多工位、多功能方向发展，及与此相适应的新型模具材料及其热处理技术，各种高效、精密、数控、自动化的模具加工机床和检测设备以及模具 CAD/CAM 技术正在迅速发展；另一方面，为了适应产品更新换代及试制或小批量生产的需要，锌基合金冲模、橡胶弹性体冲模、薄板冲模、钢带冲模、组合冲模等各种简易冲模及其制造技术也得到了迅速发展。

精密、高效的多工位及多功能级进模和大型复杂的汽车覆盖件冲模代表了现代冲模的技术水平。目前，50 个工位以上的级进模进距精度可达 $2\mu m$。多功能级进模不仅可以完成冲压全过程，还可以完成焊接、装配等工序。我国已能自行设计制造出达到国际水平的精密多工位级进模，如铁心精密自动化多功能级进模，其主要零件的制造精度达 $2\sim5\mu m$，进距精度达 $2\sim3\mu m$，总寿命达 1 亿次。

（2）新材料　模具材料及热处理与表面处理工艺对模具加工质量和寿命影响很大，世界各主要工业国在此方面的研究取得了较大进展，开发了许多的新钢种，其硬度可达 $58\sim70HRC$，而变形只为普通工具钢的 $1/5\sim1/2$。例如：火焰淬火钢可局部硬化，且无脱碳现象；我国研制的 65Nb、LD 和 CD 等新钢种，具有热加工性能好、热处理变形小、耐冲击等特点。还有一些新的热处理与表面处理工艺，主要有气体软氮化、离子氮化、渗硼、表面涂镀、化学气相沉积（CVD）、物理气相沉积（PVD）、激光表面处理等。这些方法能提高模具工作表面的耐磨性、硬度和耐蚀性，使模具寿命大大延长。

（3）自动化　目前冲压设备也由单工位、单功能、低速朝着多工位、多功能、高速和数控方向发展，加之机械手乃至机器人的大量使用，使冲压生产率得到大幅度提高，各式各样的冲压自动线和高速自动压力机大量投入使用，图 2-3 所示为自动供料冲压生产线布置图。如在数控四边折弯机中送入板料毛坯后，在计算机程序控制下便可按照要求准确完成四边弯曲，从而大幅度提高精度和生产率；在高速自动压力机上冲压电机定转子冲片时，$1min$可冲几百片，并能自动叠成定转铁心，生产率比普通压力机提高几十倍，材料利用率高达97%；公称压力为 250kN 的高速压力机的滑块行程次数已达 2000 次/min 以上。在多功能压力机方面，日本会田公司生产的 2000kN "冲压中心" 采用 CNC 控制，只需 5min 就可完成自动换模、换料和调整工艺参数等工作；美国惠特尼公司生产的 CNC 金属板材加工中心，在相同的时间内加工冲压件的数量为普通压力机的 $4\sim10$ 倍，并能进行冲孔、分段冲裁、弯曲和拉深等多种作业。

近年来在国外已发展起来、国内也开始使用的冲压柔性制造单元（FMC）和冲压柔性制造系统（FMS），代表了冲压生产新的发展趋势。FMS 以数控冲压设备为主体，包括板料、模具、冲压件分类存放系统、自动上料与下料系统，生产过程完全由计算机控制，车间实现 24h 无人控制生产。同时，根据不同使用要求，可以完成各种冲压工序，甚至焊接、装配等工序，更换新产品方便迅速，冲压件精度也高。

（4）标准化及专业化　冲模的标准化使冲模和冲模零件的生产实现了专业化、商品化，从而降低了模具成本，提高了模具质量，缩短了制造周期。目前，国外先进工业国家模具标准化生产程度已达 $70\%\sim80\%$，模具厂只需设计制造工作零件，大部分模具零件均从标准件厂购买，使生产率大幅度提高。模具制造厂专业化程度越来越高，分工越来越细，如目前有模架厂、顶杠厂、热处理厂等，甚至某些模具厂仅专业化制造某类产品的冲裁或弯曲模，这样更有利于制造水平的提高和制造周期的缩短。我国冲模标准化与专业化生产近年来也有了较大进展，但总体情况还满足不了模具工业发展的要求，主要体现在标准化程度还不高

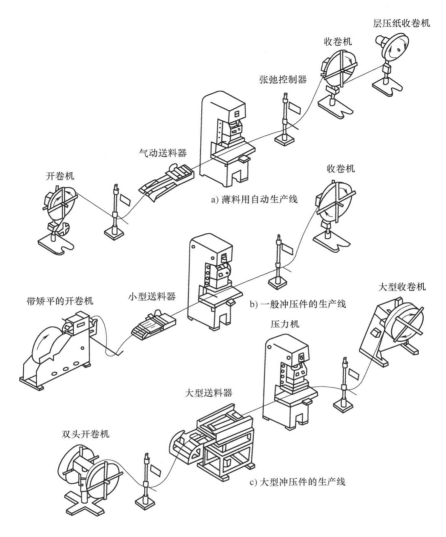

层压纸收卷机

收卷机

张弛控制器

气动送料器

开卷机

收卷机

a) 薄料用自动生产线

带矫平的开卷机

小型送料器

大型收卷机

b) 一般冲压件的生产线

压力机

大型送料器

双头开卷机

c) 大型冲压件的生产线

图 2-3 自动供料冲压生产线布置图

（一般在 40% 以下），标准件的品种和规格较少，大多数标准件厂家未形成规模化生产，标准件质量也存在一些问题。另外，标准件生产的销售、供货、服务等都还有待于进一步提高。

2.1.2 冲压设备的分类、组成和工作原理

冲压设备是指进行冲压加工所使用的工艺装备。常用的冲压设备有曲柄压力机、摩擦压力机和液压机等。

1. 冲压设备的分类

冲压设备的类型很多，以适应不同的冲压工艺要求，在我国锻压机械的八大类中，它就占了一半以上。

1）按驱动滑块的动力种类可分为：机械的、液压的、气动的。

2）按滑块的数量可分为：单动的、双动的、三动的。

3）按滑块驱动机构可分为：曲柄式、肘杆式、摩擦式。

4）按连杆数目可分为：单连杆、双连杆、四连杆。

5）按机身结构可分为：开式（图2-4a）、闭式（图2-4b）；单拉、双拉；可倾、不可倾。

6）开式压力机又可分为单柱压力机（图2-4c）和双柱压力机（图2-4d）。

7）开式压力机按照工作台结构可分为：倾斜式、固定式和升降台式。

a) 开式双柱可倾压力机　　　　b) 闭式压力机　　　　c) 单柱固定台压力机　　　　d) 双柱压力机

图 2-4　压力机的类型

2. 冲压设备的代号

锻压机械的分类和代号见表2-1。

表 2-1　锻压机械的分类和代号

序号	类别名称	汉语简称及拼音	拼音代号	序号	类别名称	汉语简称及拼音	拼音代号
1	机械压力机	机 ji	J	5	锻机	锻 duan	D
2	液压机	液 ye	Y	6	剪切与切割机	切 qie	Q
3	自动锻压机	自 zi	Z	7	弯曲矫正机	弯 wan	W
4	锤	锤 chui	C	8	其他	他 ta	T

按照锻压机械型号编制方法 GB/T 28761—2012 的规定，曲柄压力机的型号用汉语拼音字母、英文字母和数字表示，如 JB23-63A。

型号表示方法说明如下。

第一个字母为类代号，用汉语拼音字母表示。在 GB/T 28761—2012 型谱的 8 类锻压设备中，与曲柄压力机有关的有 5 类，即机械压力机、锻机、剪切与切割机、自动锻压机和弯曲矫正机，用字母 J、D、Q 等表示。

第二个字母代表同一型号产品的变型顺序号。凡主参数与基本型号相同，但其他某些基本参数与基本型号不同的，称为变型，用字母 A、B、C 等表示。

第三、第四个数字分别为组、型代号。前面一个数字代表"组"，后面一个数字代表"型"。在型谱表中，每类锻压设备分为 10 组，每组分为 10 型。横线后面的数字代表主参数，一般用压力机的标称压力作为主参数。型号中的标称压力用工程单位制的"tf"表示，故转化为法定单位制的"kN"时，应把此数乘以10。

最后一个字母代表产品的重大改进顺序号。凡型号已确定的锻压机械，若结构和性能上与原产品有显著不同，则称为改进，用字母A、B、C等表示。

有些锻压设备紧接组、型代号后面还有一个字母，代表设备的通用特性，如J21G-20中的"G"代表"高速"；J92K-250中的"K"代表"数控"。

说明JB23-63A的含义

J——类代号，机械压力机；

B——同一型号产品的变型顺序号，第二种变型；

2——组代号；

3——型代号；

63——主参数，标称压力为630kN；

A——产品重大改进顺序号，第一次改进号。

通用曲柄压力机组、型代号见表2-2。

表2-2 通用曲柄压力机组、型代号

组		型号	名称	组		型号	名称
特征	号			特征	号		
开式单柱	1	1 2 3	单柱固定台压力机 单柱升降台压力机 单柱柱形台压力机	开式双柱	2	8 9	开式柱形台压力机 开式底传动压力机
开式双柱	2	1 2 3 4 5	开式双柱固定压力机 开式双柱升降台压力机 开式双柱可倾压力机 开式双柱转台压力机 开式双柱双点压力机	闭式	3	1 2 3 6 7 9	闭式单点压力机 闭式单点切边压力机 闭式侧滑块压力机 闭式双点压力机 闭式双点切边压力机 闭式四点压力机

注：11~39组、型代号，凡未列出的序号均留作待发展的组、型代号使用。

3. 典型冲压设备的组成及工作原理

实际生产中，应用最广泛的是曲柄压力机、双动拉深压力机、螺旋压力机和液压机等。

（1）曲柄压力机的组成 曲柄压力机一般由工作机构、传动系统、操纵系统、能源系统和支承部件组成，此外还有各种辅助系统和附属装置，如润滑系统、顶件装置、保护装置、滑块平衡装置、安全装置等。

1）工作机构。一般为曲柄滑块机构，由曲轴、连杆、滑块、导轨等零件组成。它的作用是将传动系统的旋转运动变换为滑块的往复直线运动；承受和传递工作压力；在滑块上安装模具。

2）传动系统。它包括带传动和齿轮传动等机构。它将电动机的能量和运动传递给工作机构，并对电动机进行减速，获得所需的行程次数。

3）操纵系统。如离合器、制动器及其控制装置，用来控制压力机安全、准确地运转。

4）能源系统。如电动机和飞轮。飞轮能将电动机空程运转时的能量储存起来，在冲压时再释放出来。

5）支承部件。如机身，把压力机所有的机构连接起来，承受全部工作变形力和各种装置的各个部件的重力，并保证整机所要求的精度和强度。

（2）曲柄压力机的工作原理　尽管曲柄压力机类型众多，但其工作原理和基本组成是相同的。压力机的工作原理如图2-5所示。电动机1的能量和运动通过带传动传递给中间传动轴4，再由小齿轮5和大齿轮6传给曲轴9，经连杆11带动滑块12做上下直线移动。因此，曲轴的旋转运动通过连杆变为滑块的往复直线运动。将上模13固定于滑块上，下模14固定于工作台垫板15上，压力机便能对置于上、下模间的材料加压，依靠模具将其制成工件，实现压力加工。由于工艺需要，曲轴两端分别装有离合器7和制动器10，以实现滑块的间歇运动或连续运动。压力机在整个工作周期内有负荷的工作时间很短，大部分时间为空程运动。为了使电动机的负荷均匀并有效地利用能量，在传动轴端装有飞轮，起到储能作用。该压力机上，大带轮3和大齿轮6均起飞轮的作用。

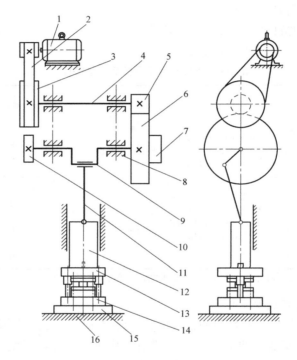

图2-5　压力机的工作原理

1—电动机　2—小带轮　3—大带轮　4—中间传动轴　5—小齿轮
6—大齿轮　7—离合器　8—机身　9—曲轴　10—制动器　11—连
杆　12—滑块　13—上模　14—下模　15—垫板　16—工作台

（3）曲柄压力机的主要技术参数　曲柄压力机的主要技术参数反映了压力机的性能指标。

1）标称压力 F_g 及标称压力行程 S_g。曲柄压力机标称压力（或称为额定压力）F_g 就是滑块所允许承受的最大作用力，而滑块必须在到达下死点前某一特定距离之内允许承受标称压力，这一特定距离称为标称压力行程（或称为额定压力行程）S_g。标称压力行程所对应的曲轴转角称为标称压力角（或称为额定压力角）α_g。例如：JC23-63 压力机的标称压力为630kN，标称压力行程为8mm，即指该压力机的滑块在离下死点前8mm之内，允许承受的最大压力为 630kN。

标称压力是压力机的主要技术参数，我国生产的压力机标称压力已系列化（单位为 kN），如 160、200、250、315、400、500、630、800、1000、1600、2500、3150、4000、6300 等。

2）滑块行程。如图 2-6 所示的 S，它是指滑块从上死点到下死点所经过的距离，等于曲柄偏心量的 2 倍。它的大小反映出压力机的工作范围。滑块行程长，则能生产高度较高的零件，但压力机的曲柄尺寸应加大，其他部分也要相应增大，设备的造价增加。因此，滑块行程并非越大越好，应根据设备规格大小兼顾冲压生产时的送料、取件及模具使用寿命等因素综合考虑。为满足生产实际需要，有些压力机的滑块行程为可调节的，如 J11-50 压力机的滑块行程可在 10～90mm 范围内调节，J23-10A、J23-10B 压力机的滑块行程均可在 16～140mm 范围内调节。

3）滑块行程次数。它是指滑块每分钟往复运动的次数。如果是连续作业，它就是每分钟生产工件的个数。所以，滑块行程次数越多，生产率越高。当采用手动连续作业时，由于受送料时间的限制，即送料在整个冲压过程中所占时间比例很大，即使滑块行程次数再多，生产率也不可能很高，如小件加工最多不超过 60～100 次/min。所以滑块行程次数超过一定数值后，必须配备自动送料装置，否则不可能实现高生产率。

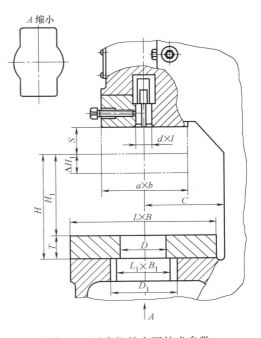

图 2-6　压力机的主要技术参数

拉深加工时，滑块行程次数越多，材料变形速度也越快，容易造成材料破裂报废。因此选择滑块行程次数不能单纯追求高生产率。目前，实现自动化的压力机多采用可调滑块行程次数，以期达到最佳工作状态。

4）最大装模高度 H_1 及装模高度调节量 ΔH_1。装模高度是指滑块在下死点时，滑块下表面到工作台垫板上表面的距离。当装模高度调节装置将滑块调整到最高位置时，装模高度达最大值，称为最大装模高度（图 2-6 中的 H_1）。滑块调整到最低位置时，得到最小装模高度。与装模高度并行的参数还有封闭高度。所谓封闭高度是指滑块在下死点时，滑块下表面到工作台上表面的距离，它和装模高度之差等于工作台垫板的厚度 T。图 2-6 中的 H 是最大封闭高度。装模高度和封闭高度均表示压力机所能使用的模具高度。模具的闭合高度应小于压力机的最大装模高度或最大封闭高度。装模高度调节装置所能调节的距离，称为装模高度调节量 ΔH_1。装模高度及其调节量越大，对模具的适应性也越大。但装模高度大，压力机也随之增高，且安装高度较小的模具时，须附加垫板，给使用带来不便。同时，装模高度调节量越大，连杆长度越长，刚度就会下降。因此，没有必要使装模高度及其调节量过大，只要满足使用要求即可。

5）工作台板及滑块尺寸。它们指压力机工作空间的平面尺寸。工作台板（垫板）的上平面，用"左右×前后"的尺寸表示，如图 2-6 所示 $L×B$。滑块下平面，也用"左右×前后"的尺寸表示，如图 2-6 所示 $a×b$。闭式压力机，其滑块尺寸和工作台板的尺寸大致相同，而开式压力机滑块下平面尺寸则小于工作台板尺寸。所以，开式压力机所用模具的上模外形尺寸不宜大于滑块下平面尺寸，否则当滑块在上死点时，可能造成上模与压力机导轨干涉。

6）工作台孔尺寸。工作台孔尺寸 $L_1×B_1$（左右×前后）、D_1（直径）如图 2-6 所示，为向下出料或安装顶出装置的空间。

7）立柱间距 A 和喉深 C。立柱间距是指双柱压力机立柱内侧面之间的距离。对于开式压力机，其值主要关系到向后侧送料或出件机构的安装。对于闭式压力机，其值直接限制了模具和加工板料的最宽尺寸。

喉深是开式压力机特有的参数，是指滑块中心线至机身的前后方向的距离，如图 2-6 所示 C。喉深直接限制加工件的尺寸，也与压力机机身的刚度有关。

8）模柄孔尺寸。模柄孔尺寸 $d×l$ 是"直径×孔深"。冲模模柄尺寸应和模柄孔尺寸相适应。大型压力机没有模柄孔，而是开设 T 形槽，以 T 形螺栓紧固上模。

4. 其他类型的冲压设备

（1）双动拉深压力机　双动拉深压力机是具有双滑块的压力机，如图 2-7 所示。它有一个外滑块和一个内滑块。外滑块用来落料或压紧坯料的边缘，防止起皱，内滑块用于拉深成形；外滑块在机身导轨上做下死点有"停顿"的上下往复运动，内滑块在外滑块的内导轨中做上下往复运动。

拉深工艺除要求内滑块有较大的行程外，还要求内、外滑块的运动密切配合。在内滑块拉深之前，外滑块先压紧坯料的边缘；在内滑块拉深过程中，外滑块应始终保持压紧的状态；拉深完毕，外滑块应稍滞后于内滑块回程，以便将拉深件从凸模上卸下来。

双动拉深压力机除能获得较大的压边力外，还有如下一些工艺特点。

1）压边刚性好且压边力可调。双动拉深压力机的外滑块为箱体结构，受力后变形小，所以压边刚性好，可使拉深模拉深筋处的金属完全变形，因而可充分发挥拉深筋控制金属流动的作用。外滑块有四个悬挂点，

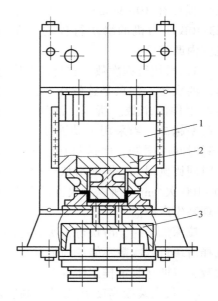

图 2-7　双动拉深压力机结构简图
1—外滑块　2—内滑块　3—拉深垫

可用机械或液压的调节方法调节各点的装模高度或油压，使压边力得到调节。这样，可以有效地控制坯料的变形趋向，保证拉深件的质量。

2）内、外滑块的速度有利于拉深成形。作为拉深专用设备，双动拉深压力机的技术参数和传动结构，更符合拉深变形速度的要求。内滑块由于受到材料拉深速度的限制，一般行程次数较低。为了提高生产率，目前大、中型双动拉深压力机多采用变速机构，以提高内滑块在空程时的运动速度。外滑块在开始压边时，已处于下死点的极限位置，其运动速度接近于零，因此对工件的接触冲击力很小，压边较平稳。

3）便于工艺操作。在双动拉深压力机上，凹模固定在工作台垫板上，因而坯料易于安放与定位。

由于双动拉深压力机具有上述工艺特点，所以特别适合于形状复杂的大型薄板件或薄筒形件的拉深成形。

（2）螺旋压力机　螺旋压力机的工作机构是螺旋副滑块机构。螺杆的上端连接飞轮，当传动机构驱使飞轮和螺杆旋转时，螺杆便相对固定在机身横梁中的螺母做上下直线运动，连接于螺杆下端的滑块即沿机身导轨做上下直线移动，如图2-8所示。在空程向下时，由传动装置将运动部分（包括飞轮、螺杆和滑块）加速到一定的速度，积蓄向下直线运动的动能。在工作行程时，这个动能转化为工件的变形功，运动部分的速度随之减小到零。当操纵机构使飞轮、螺杆反转时，滑块便可回程向上。如此压力机便可通过模具进行各种压力加工。

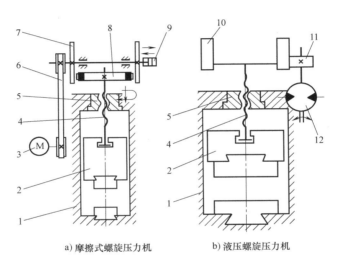

图2-8　螺旋压力机结构简图

1—机架　2—滑块　3—电动机　4—螺杆　5—螺母　6—传动带　7—摩擦盘　8—飞轮
9—操纵气缸　10—大齿轮（飞轮）　11—小齿轮　12—液压马达

a) 摩擦式螺旋压力机　　b) 液压螺旋压力机

螺旋压力机工作时依靠冲击动能使工件变形，工作行程终了时滑块速度减小为零。另外，螺旋压力机工作时产生的力通过机身形成一个封闭的力系，所以它的工艺适应性好，可以用于模锻及各类冲压工序。因为螺旋压力机的滑块行程不是固定的，下死点可改变，工作时压力机-模具系统沿滑块运动方向的弹性变形，可由螺杆的附加转角得到自动补偿，实际上影响不到工件的精度。因此，它特别适用于精密锻造、精整、精压、压印、校正及粉末冶金压制等工序。

（3）精密冲裁压力机　精密冲裁是一种先进的冲裁工艺，采用这种工艺可以直接获得剪切面表面粗糙度 Ra 为 $3.2 \sim 0.8\mu m$ 和尺寸公差等级达 IT8 的零件，大大提高生产率。

精密冲裁是依靠齿圈压板2、反压顶杆4和凸模1、凹模5使板料3处于三向压应力状态下进行的，如图2-9所示。而且精密冲裁模具的冲裁间隙比普通冲裁模具的冲裁间隙要小，精密冲裁剪切速度低且稳定。因此，提高了金属材料的塑性，保证冲裁过程中沿剪切断面无撕裂现象，从而提高剪切表面的质量和尺寸精度。由此可见，精密冲裁的实现需要通过设备和模具的作用，使被冲材料剪切区达到塑性剪切变形的条件。

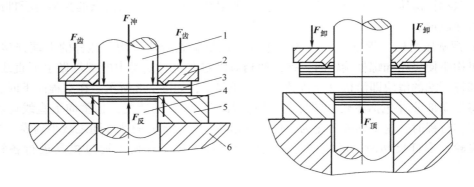

图 2-9　齿圈压板精密冲裁简图
1—凸模　2—齿圈压板　3—板料　4—反压顶杆　5—凹模　6—下模座

精密冲裁压力机就是用于精密冲裁的专用设备。它具有以下特点，以满足精密冲裁工艺的要求。

1）能实现精密冲裁的三动要求，提供五方面作用力。精密冲裁过程为：首先由齿圈压板、凹模、凸模和反压顶杆压紧材料；接着凸模施加冲裁力进行冲裁，此时压料力和反压力应保持不变，继续夹紧材料；冲裁结束滑块回程时，压力机不同步地提供卸料力和顶件力，实现卸料和顶件。压料力和反压力能够根据具体零件精密冲裁工艺的需要在一定范围内单独调节。

2）冲裁速度低且可调。试验表明，冲裁速度过高会降低模具寿命和剪切面质量，故精密冲裁要求限制冲裁速度，而冲裁速度低将影响生产率。因此，精密冲裁压力机的冲裁速度在额定范围内可无级调节，以适应冲裁不同厚度和材质零件的需要。目前精密冲裁的速度范围为 5~50mm/s，为提高生产率，精密冲裁压力机一般采取快速闭模和快速回程的措施来提高滑块的行程次数。

3）滑块有很高的导向精度。精密冲裁模的冲裁间隙很小，一般单边间隙为料厚的0.5%。为确保精密冲裁时上、下模的精确对正，精密冲裁压力机的滑块有精确的导向，同时导轨有足够的接触刚度，滑块在偏心负载作用下，仍能保持原来的精度，不致产生偏移。

4）滑块的终点位置准确，其精确度为±0.01mm。因为精密冲裁模间隙很小，精密冲裁凹模多为小圆角刃口，精密冲裁时凸模不允许进入凹模的直壁段，为保证既能将工件从条料上冲断又不使凸模进入凹模，要求冲裁结束时凸模要准确处于凹模圆弧刃口的切点，以保证冲模有较长的寿命。

5）电动机功率比通用压力机大。因最大冲裁力在整个负载行程中所占的行程长度比普通冲裁大，精密冲裁的冲裁功约为普通冲裁的 2 倍，而精密冲裁压力消耗的总功率约为通用压力机的 5 倍。

6）床身刚性好。床身有足够的刚度去吸收反作用力、冲击力和所有的振动，在满载时能保持结构精度。

7）其他辅助装置。精密冲裁压力机均已实现单机自动化，因此需要完善辅助装置，如材料的校直、检测、自动送料、工件或废料的收集、模具的安全保护等装置。图 2-10 所示为精密冲裁压力机全套设备示意图。

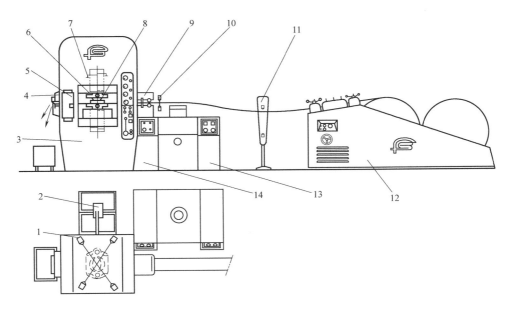

图 2-10 精密冲裁压力机全套设备示意图

1—精密冲裁件和废料光电检测器 2—取件（或气吹）装置 3—精密冲裁压力机 4—废料切刀
5—光电安全栅 6—垫板 7—模具保护装置 8—模具 9—送料装置 10—带料末端检
测器 11—机械或光学的带料检测器 12—带料校直设备 13—电器设备 14—液压设备

（4）高速压力机 高速压力机是应大批量的冲压生产需要而发展起来的。高速压力机必须配备各种自动送料装置才能达到高速的目的。高速压力机及其辅助装置如图 2-11 所示，卷料 2 从开卷机 1 经过校平机构 3、供料缓冲机构 4 到达送料机构 5，送入高速压力机 6 进入冲压。目前对"高速"还没有一个统一的衡量标准。日本一些公司将 300kN 以下的小型开式压力机分为五个速度等级，即超高速（800 次/min 以上）、高速（400~700 次/min）、次高速（250~350 次/min）、常速（150~250 次/min）和低速（120 次/min 以下）。一般在衡量高速时，应当结合压力机的标称压力和行程长度加以综合考虑，如德国生产的 PASZ250/1 型闭式双点压力机，标称压力为 2500kN，滑块行程为 30mm，滑块行程次数为 300 次/min，已属于高速甚至超高速的范畴。

（5）双动拉深液压机 双动拉深液压机主要用于拉深件的成形，广泛用于汽车配件、电动机、电器行业的罩形件特别是深罩形件的成形，同时也可以用于其他的板料成形工艺，还可用于粉末冶金等需要多动力的压制成形。

双动拉深液压机的特点如下。

1）活动横梁与压边滑块由各自液压缸驱动，可分别控制；工作压力、压制速度、空载快速下行和减速的行程范围可根据工艺需要进行调整，从而提高了工艺适应性。

2）压边滑块与活动横梁联合动作，可当作单动液压机使用，此时工作压力等于主缸与压边液压缸压力的总和，能够增大液压机的工作能力，扩大加工范围。

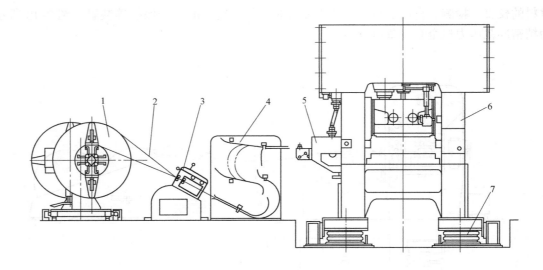

图 2-11　高速压力机及其辅助装置

1—开卷机　2—卷料　3—校平机构　4—供料缓冲机构　5—送料机构　6—高速压力机　7—弹性支承

3）有较大的工作行程和压边行程，有利于大行程工件（如深拉深件、汽车覆盖件等）的成形。

2.1.3　冲压工艺

1. 冲裁工艺

冲裁是利用模具使板料产生相互分离的冲压工序。冲裁工序的种类很多，常用的有剪切、冲孔、落料、切边、切口等。但一般来说，冲裁主要是指冲孔和落料。从工序件上冲出所需形状的孔（冲去部分为废料）称为冲孔。从板料上沿封闭轮廓冲出所需形状的冲压件或工序件称为落料。例如：冲制一平面垫圈，冲其内孔的工序是冲孔，冲其外形的工序是落料。

冲裁是冲压工艺中最基本的工序之一。它既可直接冲出成品零件，又可为弯曲、拉深和成形等其他工序制备坯料，因此在冲压加工中应用非常广泛。根据变形机理不同，冲裁可以分为普通冲裁和精密冲裁两大类。普通冲裁是以凸、凹模之间产生剪切裂纹的形式实现板料的分离；精密冲裁是以塑性变形的形式实现板料的分离。精密冲裁冲出的零件不但断面垂直、光洁，而且精度也比较高，但一般需要专门的精密冲裁设备和精密冲裁模具。

（1）冲裁变形特点分析　冲裁工作示意图如图 2-12 所示，凸模 1 与凹模 3 对板料 2 进行冲裁。凸模在压力机滑块的作用下下行，对支承在凹模上的板料进行冲裁，使板料发生变形分离，得到工件 4。由于压力机运行速度很快，所以冲裁过程瞬时便可完成。从力学变形的角度看，冲

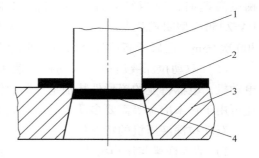

图 2-12　冲裁工作示意图

1—凸模　2—板料　3—凹模　4—工件

裁过程经历了弹性变形阶段、塑性变形阶段和断裂分离阶段。

1）弹性变形阶段。如图 2-13a 所示，当凸模接触板料并下压时，在凸、凹模压力作用下，板料开始产生弹性压缩、弯曲、拉伸等复杂变形。这时，凸模略挤入板料，板料下部也略挤入凹模洞口，并在与凸、凹模刃口接触处形成很小的圆角，同时板料稍有穹弯。材料越硬，凸、凹模间隙越大，穹弯越严重。随着凸模的下压，刃口附近板料所受的应力逐渐增大，直至达到弹性极限，弹性变形阶段结束。

2）塑性变形阶段。当凸模继续下压，使板料变形区的应力达到塑性条件时，便进入塑性变形阶段，如图 2-13b 所示。这时，凸模挤入板料和板料挤入凹模的深度逐渐加大，产生塑性剪切变形，形成光亮的剪切断面。随着凸模的下降，塑性变形程度增加，变形区材料硬化加剧，变形抗力不断上升，冲裁力也相应增大，直到刃口附近的应力达到抗拉强度时，塑性变形阶段便告终。由于凸、凹模之间间隙的存在，此阶段中冲裁变形区还伴随有弯曲和拉伸变形，且间隙越大，弯曲和拉伸变形越大。

3）断裂分离阶段。当板料内的应力达到抗拉强度后，凸模再向下压入时，则在板料上与凸、凹模刃口接触的部位先后产生微裂纹，如图 2-13c 所示。裂纹的起点（在距刃口很近的侧面）一般首先在凹模刃口附近的侧面产生，继而才在凸模刃口附近的侧面产生。随着凸模的继续下压，已产生的上、下微裂纹将沿最大切应力方向不断地向板料内部扩展，当上、下裂纹重合时，板料便被剪断分离，如图 2-13d 所示。随后，凸模将分离的材料推入凹模洞口，冲裁变形过程便告结束。

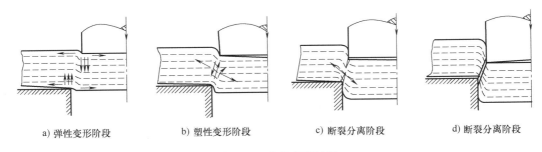

a）弹性变形阶段　　　　b）塑性变形阶段　　　　c）断裂分离阶段　　　　d）断裂分离阶段

图 2-13　冲裁变形过程

（2）冲裁件的排样与搭边

1）排样。工件在条料上的布置方法称为冲裁件的排样。在冲裁过程中，材料的利用率主要视排样而定。排样正确与否，不但影响材料的利用率，而且影响模具的寿命与生产率。

排样时应考虑下面两个问题。

① 材料利用率。力求在相同的材料面积上得到最多的工件，以提高材料利用率。材料利用率用下式计算，即

$$K = \frac{na}{A} \times 100\%$$

式中　K——材料利用率；

　　　n——条料上的工件数量；

　　　a——单个工件的面积（mm^2）；

　　　A——条料面积（mm^2）。

通过选择和比较排样方案，可找出最经济的方案。

② 生产批量。排样必须考虑生产批量的大小。生产批量大时可采用多排式混合排样法，即一次可冲几个工件。这种方法模具结构复杂、成本高，当生产批量太小时，就不经济了。

常用排样方式见表 2-3。

表 2-3　常用排样方式

排列类型	排列简图		排列类型	排列简图	
	有搭边	无搭边		有搭边	无搭边
直排			斜排		
单行排列			对头直排		
多行排列			对头斜排		

2）搭边。排样时，工件之间及工件与条料之间留下的余料称为搭边。搭边的作用是补偿送料的误差，保证冲出合格的工件。搭边还可以使条料保持一定的刚度，便于送进。

搭边值要合理确定。搭边值过大，材料利用率低；搭边值过小，条料易被拉断，使工件产生毛刺，有时还会拉入凸模和凹模的间隙中，损坏刃口。

表 2-4 列出了冲裁金属材料的最小搭边值。

表 2-4　冲裁金属材料的最小搭边值　　　　　　　　　　　　（单位：mm）

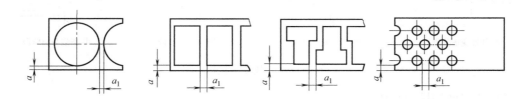

料　厚	手　送　料						自动送料	
	圆　形		非圆形		往复送料			
	a	a_1	a	a_1	a	a_1	a	a_1
1 以下	1.5	1.5	2	1.5	3	2	2	2
1~2	2	1.5	2.5	2	3.5	2.5	3	2
2~3	2.5	2	3	2.5	4	3.5	4	3
3~4	3	2.5	3.5	3	5	4	4	3
4~5	4	3	5	4	6	5	5	4
5~6	5	4	6	5	7	6	6	5
6~7	6	5	7	6	8	7	7	6
8 以上	7	6	8	7	9	8	8	7

注：冲裁非金属材料（皮革、纸板、石棉等）时，搭边值应乘 1.5~2。

（3）冲裁件的工艺性 冲裁件的工艺性是指冲裁件的结构形状、尺寸大小、精度等在冲裁时的难易程度。良好的冲裁件工艺性是保证冲裁件质量、简化模具结构、减少材料消耗、提高生产率、降低冲裁件制造成本的重要前提。判断冲裁件工艺性的优劣应从以下几方面考虑。

1）冲裁件的形状。冲裁件的形状应简单、对称，便于冲裁排样。冲裁件的内外转角处圆角 $R>0.25t$（t 为材料厚度）。圆角 R 过小或清角、尖角，都不利于模具的制造与使用。冲裁件上过长的悬臂和凹槽都会削弱凸模的强度与刚度。冲裁件的悬臂和凹槽部分尺寸见表2-5。

表2-5 冲裁件的悬臂和凹槽部分尺寸

材料	B
硬钢	$(1.5 \sim 2.0)t$
硬铜	$(2 \sim 3)t$
黄铜、软铜	$(1.4 \sim 2.3)t$
纯铜、铝	$(1.1 \sim 1.2)t$
夹纸、夹布胶板	$(0.9 \sim 1.0)t$

2）冲裁件的尺寸。冲裁件孔与孔之间和孔与边缘之间的距离、凸模在自由状态下冲孔的最小孔径都不能过小，否则就会削弱模具强度，会使模具结构复杂化。凸模在自由状态下冲孔的最小孔径见表2-6，最小孔距和孔边距如图2-14所示；冲裁件复合模的凸凹模最小壁厚见表2-7。

表2-6 凸模在自由状态下冲孔的最小孔径

材料				
钢的抗剪强度 $\tau \geqslant 700MPa$	$d \geqslant 1.5t$	$d \geqslant 1.35t$	$d \geqslant 1.1t$	$d \geqslant 1.2t$
钢的抗剪强度 $\tau = 400 \sim 700MPa$	$d \geqslant 1.3t$	$d \geqslant 1.2t$	$d \geqslant 0.9t$	$d \geqslant t$
钢的抗剪强度 $\tau < 400MPa$	$d \geqslant t$	$d \geqslant 0.9t$	$d \geqslant 0.7t$	$d \geqslant 0.8t$
铜，黄铜	$d \geqslant 0.9t$	$d \geqslant 0.8t$	$d \geqslant 0.6t$	$d \geqslant 0.7t$
铝	$d \geqslant 0.8t$	$d \geqslant 0.7t$	$d \geqslant 0.5t$	$d \geqslant 0.6t$
纸胶板，布胶板	$d \geqslant 0.7t$	$d \geqslant 0.6t$	$d \geqslant 0.4t$	$d \geqslant 0.5t$
硬纸，纸	$d \geqslant 0.6t$	$d \geqslant 0.5t$	$d \geqslant 0.3t$	$d \geqslant 0.4t$

注：1. 凸模加护套，孔径可缩小 $1/3 \sim 1/2$。
2. 一般 d 不小于 $0.3mm$。
3. t 为板料厚度。

表2-7 冲裁件复合模的凸凹模最小壁厚 （单位：mm）

材料厚度	0.4	0.6	0.8	1.0	1.2	1.4	1.6	1.8	2.0	2.2	2.4	2.6
凸凹模最小壁厚	1.4	1.8	2.3	2.7	3.2	3.6	4.0	4.4	4.8	5.2	5.6	6.0
材料厚度	2.8	3.0	3.2	3.4	3.6	3.8	4.0	4.2	4.4	4.6	4.8	5.0
凸凹模最小壁厚	6.4	6.7	7.1	7.4	7.7	8.1	8.5	8.8	9.1	9.4	9.7	10

3）冲裁件的精度和表面粗糙度。普通冲裁能得到冲裁件的尺寸公差等级都在 IT10 以下，表面粗糙度 Ra 大于 12.5μm。工件边缘的毛刺高度在正常情况下小于 0.15mm。冲孔件可比落料件尺寸精度高一级。对于精度要求高的冲裁件，可通过修整或精密冲裁方法获得。

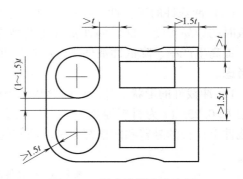

图 2-14　最小孔距和孔边距

（4）冲裁间隙　冲裁间隙是指冲裁模具凸模与凹模之间工作部分的尺寸之差。

确定合理间隙值方法如下。

1）理论方法。考虑模具制造中的误差及使用中的磨损（图 2-15），生产中通常是选择一个适当的范围作为合理间隙。这个范围的最小值称为最小合理间隙值，最大值称为最大合理间隙值。设计与制造新模具时采用最小合理间隙值。

确定合理间隙值的依据是保证凸、凹模刃口处产生的裂纹相重合。由图 2-16 中可以得到合理间隙值的计算公式为

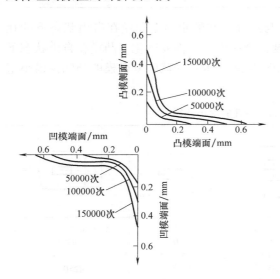

图 2-15　凸、凹模的磨损

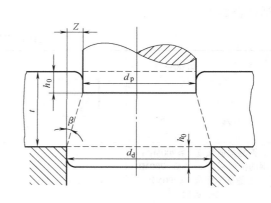

图 2-16　合理间隙值的确定

$$Z = t(1 - h_0/t)\tan\beta$$

式中　　Z——单边间隙值；

　　　　t——板料厚度；

　　　　h_0——凸模压入深度；

　　　　β——破裂时的倾角。

上式表明，间隙值 Z 与板料厚度及材料性质有关。

2）经验方法。经验方法也是根据材料的性质与厚度来确定最小合理间隙值。建议按下列数据确定间隙值。

软材料：$t < 1$mm　　　　　　$Z = (6\% \sim 8\%)t$

$$t = 1 \sim 3\,\text{mm} \qquad Z = (10\% \sim 15\%)t$$
$$t = 3 \sim 5\,\text{mm} \qquad Z = (15\% \sim 20\%)t$$
硬材料：$t < 1\,\text{mm} \qquad Z = (8\% \sim 10\%)t$
$$t = 1 \sim 3\,\text{mm} \qquad Z = (11\% \sim 17\%)t$$
$$t = 3 \sim 5\,\text{mm} \qquad Z = (17\% \sim 25\%)t$$

间隙值也可查表确定，金属材料冲裁间隙值见表 2-8。试验研究结果与实践经验表明，对于尺寸精度和断面垂直度要求高的零件，应选用较小的间隙值。

表 2-8　金属材料冲裁间隙值

材　料	抗剪强度 τ/MPa	初始间隙（单边间隙）（%t）		
		Ⅰ类	Ⅱ类	Ⅲ类
低碳钢 08F、10F、10、20、Q235A	210~400	3.0~7.0	7.0~10.0	10.0~12.5
中碳钢 45，不锈钢 40Cr13，膨胀合金（可伐合金）4J29	420~560	3.5~8.0	8.0~11.0	11.0~15.0
高碳钢 T8A、T10A、65Mn	590~930	8.0~12.0	12.0~15.0	15.0~18.0
纯铝 1060、1050A、1035、1200，黄铜（软态）H62，纯铜（软态）T1、T2、T3	65~255	2.0~4.0	4.5~6.0	6.5~9.0
黄铜（软态）H62，铅黄铜 HPb59-1，纯铜（软态）T1、T2、T3	290~420	3.0~5.0	5.5~8.0	8.5~11.0
铝合金（硬态）2A12，锡磷青铜 QSn4-4-2.5，铝青铜 QAL7，铍青铜 QBe2	225~550	3.5~6.0	7.0~10.0	11.0~13.0
镁合金 M2M、ME20M	120~180	1.5~2.5		
电工硅钢 D21、D31、D41	190	2.5~5.0	5.0~9.0	

（5）凸、凹模刃口尺寸的计算

1）尺寸计算原则。在设计和制造模具时，须遵循下述原则。

设计落料模时，以凹模为设计基准，间隙取在凸模上；设计冲孔模时，以凸模为设计基准，间隙取在凹模上。

设计落料模时，凹模公称尺寸应取零件尺寸范围内的较小尺寸；设计冲孔模时，凸模公称尺寸应取零件孔尺寸范围内的较大尺寸。

凸、凹模刃口部分尺寸的制造公差要按零件的尺寸要求决定，一般模具的制造精度比冲裁件的精度高 2~3 级。若零件未注公差，对于非圆形件，冲模按公差等级 IT9 制造；对于圆形件，一般按公差等级 IT6~IT7 制造。

2）刃口尺寸计算方法。

① 凸模与凹模分开加工。设计计算中要分别标注凸、凹模刃口尺寸与制造公差。模具的制造公差应满足下列条件，即

$$\delta_p + \delta_d \leqslant Z_{\max} - Z_{\min}$$
$$\delta_p \leqslant 0.4(Z_{\max} - Z_{\min})$$
$$\delta_d \leqslant 0.6(Z_{\max} - Z_{\min})$$

式中　δ_p、δ_d——凸模和凹模的制造公差（mm）；

$Z_{\max}$、$Z_{\min}$——最大合理间隙值和最小合理间隙值（mm）。

下面对冲孔和落料两种情况进行讨论。

a. 冲孔。设零件孔的尺寸为 $d^{+\Delta}_{0}$，根据计算原则，冲孔时以凸模为设计基准。首先确定凸模尺寸，使凸模的公称尺寸接近或等于零件孔的上极限尺寸；将凸模尺寸加上最小合理间隙值即得到凹模尺寸，如图 2-17a 所示，计算公式如下

$$d_{\mathrm{p}} = (d+x\Delta)^{0}_{-\delta_{\mathrm{p}}}$$

$$d_{\mathrm{d}} = (d_{\mathrm{p}}+Z_{\min})^{+\delta_{\mathrm{d}}}_{0} = (d+x\Delta+Z_{\min})^{+\delta_{\mathrm{d}}}_{0}$$

式中　d_{p}、d_{d}——冲孔凸模、凹模尺寸（mm）；

　　　δ_{p}、δ_{d}——凸、凹模制造公差（mm）；

　　　$Z_{\min}$——最小合理间隙（mm）；

　　　x——考虑磨损的系数，按零件公差等级选取；

　　　Δ——零件公差（mm）。

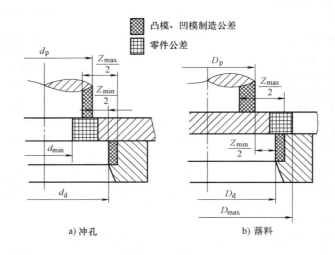

a) 冲孔　　　　　　b) 落料

图 2-17　冲裁模的尺寸公差

b. 落料模。设零件尺寸为 $D^{0}_{-\Delta}$，根据计算原则，落料时以凹模为设计基准。首先确定凹模尺寸，使凹模的公称尺寸接近或等于零件轮廓的下极限尺寸；将凹模尺寸减去最小合理间隙值即得到凸模尺寸，如图 2-17b 所示，其计算公式如下

$$D_{\mathrm{d}} = (D-x\Delta)^{+\delta_{\mathrm{d}}}_{0}$$

$$D_{\mathrm{p}} = (D_{\mathrm{d}}-Z_{\min})^{0}_{-\delta_{\mathrm{p}}} = (D-x\Delta-Z_{\min})^{0}_{-\delta_{\mathrm{p}}}$$

式中　D_{d}——落料凹模尺寸（mm）；

　　　D_{p}——落料凸模尺寸（mm）。

② 凸、凹模配合加工。加工方法是以凸模或凹模为基准，配作凹模或凸模。只在基准件上标注尺寸和制造公差，另一件仅标注公称尺寸并注明配作时应留有的间隙值。所以基准件的刃口部分尺寸需要按不同的方法计算。如图 2-18a 所示的落料件，应以凹模为基准件，凹模尺寸按磨损情况可分为三类。

第一类是凹模磨损后增大的尺寸（图 2-18 中 A 类）。

第二类是凹模磨损后减小的尺寸（图2-18中B类）。

第三类是凹模磨损后没有增减的尺寸（图2-18中C类）。

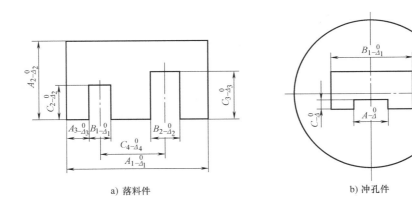

a) 落料件 b) 冲孔件

图 2-18　冲裁件尺寸

对于图 2-18b 所示的冲孔件，凸模尺寸也可按磨损情况分成 A、B、C 三类。因此不管是落料件还是冲孔件，根据不同的磨损类型，其基准件的刃口部分尺寸均可按以下公式计算，即

A 类：$A_j = (A_{max} - x\Delta)^{+\delta}_{\ 0}$

B 类：$B_j = (B_{max} + x\Delta)^{\ 0}_{-\delta}$

C 类：$C_j = (C_{max} + 0.5\Delta) \pm \delta$

式中　A_j、B_j、C_j——基准件尺寸（mm）；

A_{max}、B_{max}、C_{max}——相应的零件极限尺寸（mm）；

Δ——零件公差（mm）；

δ——基准件制造公差（mm），当标注形式为 $\pm\delta$ 时，$\delta = \Delta/8$。

（6）冲裁力的计算及降低冲裁力的方法

1）冲裁力的计算。计算冲裁力的目的是为合理选用压力机、设计模具以及校核模具强度。平刃口模具冲裁时，其冲裁力可按下式计算，即

$$P = kA\tau = kLt\tau$$

式中　P——冲裁力（N）；

A——冲裁切断面积（mm²）；

L——冲裁周边长度（mm）；

τ——材料抗剪强度（MPa）；

k——系数，一般取 $k = 1.3$。

2）降低冲裁力的方法。

① 加热冲裁。它只适用于厚板或零件表面质量及公差等级要求不高的零件。

② 阶梯凸模冲裁。在多凸模冲模中，将凸模制作成不同的高度，呈阶梯形布置，使各凸模冲裁力的最大值不同时出现，以降低总的冲裁力。

3）影响卸料力、推件力和顶件力的因素主要有材料力学性能、板料厚度、零件形状和

尺寸、模具间隙、搭边大小及润滑条件等。在生产中，一般采用下列经验公式计算，即

$$P_1 = K_1 P$$
$$P_2 = K_2 P$$
$$P_3 = K_3 P$$

式中　P_1、P_2、P_3——推件力、顶件力、卸料力；

　　　　P——冲裁力；

　　　　K_1、K_2、K_3——推件力系数、顶件力系数和卸料力系数，可按表2-9确定。

表2-9　推件力系数、顶件力系数和卸料力系数

材料厚度 t/mm		K_1	K_2	K_3
钢	≤0.1	0.065~0.075	0.1	0.14
	0.1~0.5	0.045~0.055	0.63	0.08
	0.5~2.5	0.04~0.05	0.55	0.06
	2.5~6.5	0.03~0.04	0.45	0.05
	>6.5	0.02~0.03	0.25	0.03
铝、铝合金		0.025~0.08	0.03~0.07	
纯铜、黄铜		0.02~0.06	0.03~0.09	

4）冲裁工艺力的计算。冲裁工艺力包括冲裁力、推件力、顶件力和卸料力，因此在选择压力机吨位时，应根据模具结构进行冲裁工艺力的计算。

采用弹性卸料及上出料方式，总冲裁力为

$$P_0 = P + P_2 + P_3$$

采用刚性卸料及下出料方式，总冲裁力为

$$P_0 = P + P_1$$

采用弹性卸料及下出料方式，总冲裁力为

$$P_0 = P + P_1 + P_3$$

（7）冲模的压力中心与模具闭合高度

1）冲模的压力中心计算与确定。冲压力合力的作用点称为冲模的压力中心。如果压力中心不在模柄轴线上，滑块就会承受偏心载荷，导致滑块导轨和模具的不正常磨损，降低模具寿命，甚至损坏模具。通常利用求平行力系合力作用点的方法——解析法或图解法，来确定冲模的压力中心。

图2-19所示的连续模压力中心为 O' 点，其坐标为 x、y，连续模上作用的冲压力 P_1、P_2、P_3、P_4、P_5 是垂直于图面方向的平行力系。根据理论力学定理，诸分力对某轴力矩之和等于其合力对同轴之距，则有压力中心 O' 点的坐标通式为

$$x = \frac{P_1 x_1 + P_2 x_2 + \cdots + P_n x_n}{P_1 + P_2 + \cdots + P_n} = \frac{\sum\limits_{i=1}^{n} P_i x_i}{\sum\limits_{i=1}^{n} P_i}$$

$$y = \frac{P_1 y_1 + P_2 y_2 + \cdots + P_n y_n}{P_1 + P_2 + \cdots + P_n} = \frac{\sum\limits_{i=1}^{n} P_i y_i}{\sum\limits_{i=1}^{n} P_i}$$

如果这里

$$P_1 = L_1 t\tau \text{（均以冲裁为例）}$$

$$P_2 = L_2 t\tau$$

$$\cdots$$

$$P_n = L_n t\tau$$

式中　　P_1、P_2、$\cdots$、P_n——冲裁力；

　　　　x_1、x_2、$\cdots$、x_n——冲裁力的 x 轴坐标；

　　　　y_1、y_2、$\cdots$、y_n——冲裁力的 y 轴坐标；

　　　　L_1、L_2、$\cdots$、L_n——冲裁周边长度；

　　　　　　　　　　t——毛坯厚度；

　　　　　　　　　　τ——材料抗剪强度。

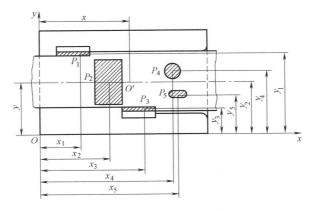

图 2-19　确定压力中心的示例

将图形中冲裁力之值代入式，则可得冲裁模压力中心的坐标 x 与 y 之值为

$$x = \frac{L_1 x_1 + L_2 x_2 + \cdots + L_n x_n}{L_1 + L_2 + \cdots + L_n} = \frac{\sum\limits_{i=1}^{n} L_i x_i}{\sum\limits_{i=1}^{n} L_i}$$

$$y = \frac{L_1 y_1 + L_2 y_2 + \cdots + L_n y_n}{L_1 + L_2 + \cdots + L_n} = \frac{\sum\limits_{i=1}^{n} L_i y_i}{\sum\limits_{i=1}^{n} L_i}$$

　　2）冲模闭合高度的确定。冲模总体结构尺寸必须与所用设备相适应。冲模闭合高度是指模具在最低工作位置时，上、下模板外平面间的距离。模具闭合高度 H 应该介于压力机的最大封闭高度 H_{max} 及最小封闭高度 H_{min} 之间，如图 2-20 所示，一般取

$$H_{max} - 5\text{mm} \geqslant H \geqslant H_{min} + 10\text{mm}$$

　　如果模具闭合高度小于设备的最小封闭高度，可以用附加垫板垫高（在下模座下面），以达到安装要求。模具的平面尺寸（主要是下模板）应小于设备工作台平面尺寸，这是不言而喻的。但还有几个与设备相应的尺寸，往往容易被初学者忽视：一是模具漏料孔直径应

小于设备漏料孔直径；二是模柄长度应稍小于设备滑块孔的深度；三是模柄直径应稍小于滑块孔径。

2. 弯曲工艺

弯曲是使材料产生塑性变形、形成有一定角度形状零件的冲压工序。用弯曲方法加工的零件种类很多，如自行车车把、汽车的纵梁、桥、电器零件的支架、门窗铰链、配电箱外壳等。弯曲加工的方法也很多，可以在压力机上利用模具弯曲，也可在专用弯曲机上进行折弯、辊弯或拉弯

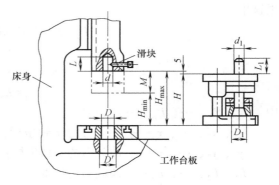

图 2-20　模具闭合高度

等，如图 2-21 所示。各种弯曲加工方法尽管所用设备与工具不同，但其变形过程及特点却存在着一些共同的规律。

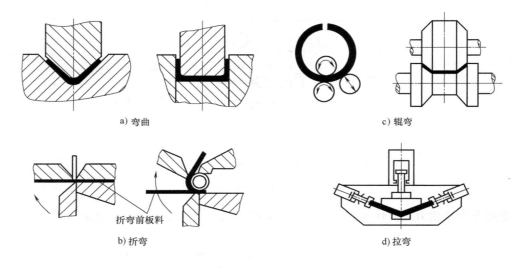

图 2-21　弯曲加工方法

（1）弯曲工艺简介

1）弯曲过程。弯曲 V 形件的变形过程如图 2-22 所示。在弯曲的开始阶段，坯料呈自由弯曲，如图 2-22a 所示；随着凸模的下压，坯料与凹模工作表面逐渐靠紧，弯曲半径由 r_0 变为 r_1，弯曲力臂也由 l_0 变为 l_1，如图 2-22b 所示；凸模继续下压，坯料弯曲区逐渐减小，

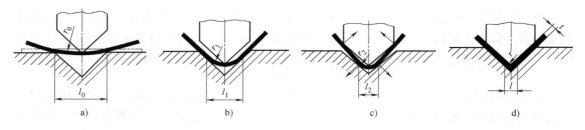

图 2-22　弯曲 V 形件的变形过程

直到与凸模三点接触，这时的曲率半径已由 r_1 变成了 r_2，如图 2-22c 所示；此后，坯料的直边部分则向与以前相反的方向弯曲；到行程终了时，凸凹模对坯料进行校正，使其圆角、直边与凸模全部靠紧，如图 2-22d 所示。

2）弯曲变形特点。

① 弯曲变形只发生在弯曲件的圆角附近，直线部分不产生塑性变形。

② 在弯曲区域内，纤维变形沿厚度方向是不同的，即弯曲后，内侧的纤维受压缩而缩短，外侧的纤维受拉伸而伸长，在内、外侧之间存在着纤维既不伸长也不缩短的中间层。

③ 从弯曲变形区域的横截面来看，窄板（板宽 B 与料厚 t，$B<2t$）横截面略呈扇形，宽板（$B>2t$）横截面仍为矩形，如图 2-23 所示。

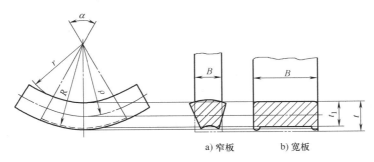

图 2-23 弯曲变形区的横截面变化

3）弯曲件质量分析。

① 弯裂与最小弯曲半径 r_{min}。弯曲时板料外侧切向受到拉伸，当外侧切向伸长变形超过材料的塑性极限时，在板料的外侧将产生裂纹，此现象称为弯裂。在板料厚度一定时，弯曲半径 r 越小，变形程度越大，越容易产生裂纹。在不产生裂纹的条件下，允许弯曲的最小半径称为最小弯曲半径，以 r_{min} 表示。当弯曲半径不小于最小弯曲半径时，弯曲时一般不会产生裂纹。

② 回弹。回弹是指弯曲时弯曲件在模具中所形成的弯曲角与弯曲半径在出模后会因弹性恢复而改变的现象。回弹也称为弹复或回跳，是弯曲过程中常见而又难控制的现象。

如图 2-24 所示，弯曲回弹的大小用半径回弹值和角度回弹值表示，即

$$\Delta r = r - r_p$$
$$\Delta \varphi = \varphi - \varphi_p$$

式中　Δr、$\Delta \varphi$——弯曲半径和弯曲角的回弹值；

　　　r、φ——弯曲件半径和弯曲角；

　　　r_p、φ_p——凸模的半径和角度。

弯曲回弹值的大小将直接影响弯曲件的精度，回弹值越大弯曲件的精度越差。要控制和提高弯曲件的精度，就要控制和减小弯曲回弹值。为了保证弯曲制件的质量，可采用校正弯曲、加热弯曲和拉弯等工艺方法来减小回弹。

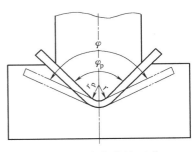

图 2-24 弯曲件的回弹

③偏移。弯曲制件在弯曲过程中沿制件的长度方向产生移动时，出现使制件两直边的高度不符合图样要求的现象，称为偏移，如图 2-25 所示。

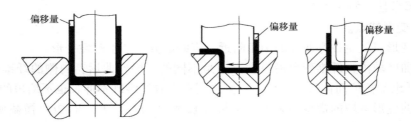

图 2-25　弯曲件的偏移

解决坯料在弯曲过程中的偏移，常采用压料装置（也起顶件作用），也可以用模具上的定位销插入坯料的孔（或工艺孔）内定位等方法。

（2）弯曲件工艺性

1）弯曲件的圆角半径不宜小于最小弯曲半径，也不宜过大。因为圆角半径过大时，受到回弹的影响，弯曲角度与圆角半径的精度都不易保证。

2）弯曲件的直边高度 h 应大于 2 倍料厚。弯曲时，当弯曲件的直边高度 h 过小时，弯曲时弯矩小，不易成形。

3）对阶梯形坯料进行局部弯曲时，在弯曲根部容易撕裂。这时，应减小不弯曲部分的长度 B，使其退出弯曲线之外，如图 2-26a 所示。假如制件的长度不能减小，则应在弯曲部分与不弯曲部分之间加工出槽，如图 2-26b 所示。

4）弯曲有孔的坯料时，如果孔位于弯曲区附近，则弯曲时孔会产生变形，应使孔边到弯曲区的距离大于（1~2）t，如图 2-26c 所示；或弯曲前在弯曲区内加工一工艺孔，如图 2-26d 所示；或先弯曲后冲孔。

5）弯曲件的形状对称，所以弯曲半径应左右一致，以保证弯曲时板料的平衡，防止产生滑动，如图 2-26e 所示。

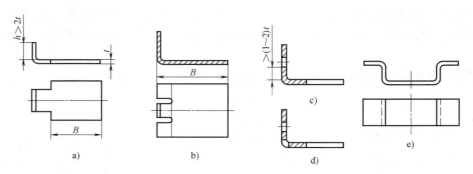

图 2-26　弯曲件工艺性

（3）弯曲件的工艺计算

1）弯曲力。弯曲力与弯曲行程的关系如图 2-27 所示。

自由弯曲力的大小与板料尺寸（b、t）、板料力学性能及模具结构参数等因素有关。最大自由弯曲力 $P_{自}$ 为

$$P_{自} = \frac{kbt^2}{r+t} R_m$$

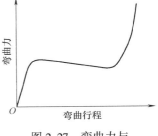

图 2-27 弯曲力与
弯曲行程的关系

式中　r——弯曲半径（mm）；

　　　b——不弯曲部分的长度（mm）；

　　　t——板料厚度（mm）；

　　　R_m——材料的抗拉强度（kN/mm²）；

　　　k——安全系数，对于 U 形件，k 取 0.91；对于 V 形
　　　　　件，k 取 0.78。

为了提高弯曲件的精度，减少回弹，在弯曲终了时需对
弯曲件进行校正。校正弯曲力可按下式近似计算，即

$$P_{校} = Aq$$

式中　A——弯曲件校正部分面积（mm²）；

　　　q——单位校正力（N/mm²），其值可查手册确定。

在选择冲压设备时，除考虑弯曲模尺寸、模具闭合高度、模具结构和动作配合以外，还
应考虑弯曲力大小。

2）弯曲件毛坯尺寸的计算。

① 有圆角半径（$r/t>0.5$）的弯曲。弯曲件的展开长度等于各直边部分和各弯曲部分中
性层长度之和，即

$$L_{总} = \sum L_{直} + \sum L_{弯曲}$$

式中　$L_{总}$——弯曲件的展开长度（mm）；

　　　$L_{直}$——直边部分的长度（mm）；

　　　$L_{弯曲}$——弯曲部分的长度（mm）。

各弯曲部分的长度按下式计算，即

$$L_{弯曲} = \pi \rho \alpha / 180° \approx 0.17 \alpha \rho$$

式中　α——弯曲中心角（°）；

　　　ρ——应变中性层曲率半径（mm），$\rho = r + Kt$；

　　　K——中性层系数，可查手册确定。

② 无圆角半径或 $r/t<0.5$ 的弯曲。一般根据变形前后体积不变条件确定这类弯曲件的
毛坯长度，但要考虑弯曲处材料变薄的情况，一般按下式计算弯曲部分的长度，即

$$L_{弯曲} = (0.4 \sim 0.8)t$$

需要说明，公式只适用于形状简单、弯曲部位数少和精度要求一般的弯曲件。对于形状
复杂、精度要求较高的弯曲件，通过近似计算后，必须经多次试压调整，才能最后确定合适
的毛坯尺寸。

（4）弯曲模工作部分尺寸的计算

1）凸、凹模圆角半径。如图 2-28 所示，凸模圆角半径 r_p 应等于弯曲件内侧的圆角半径
r，但不能小于所规定的材料允许最小弯曲半径 r_{min}。如果 $r<r_{min}$，应取 $r_p \geqslant r_{min}$。在以后的
校正工序中，取 $r_p = r$。

凹模圆角半径一般可按下列数据选取。

当 $t \leqslant 2mm$ 时，$r_d = (3 \sim 6)t$。

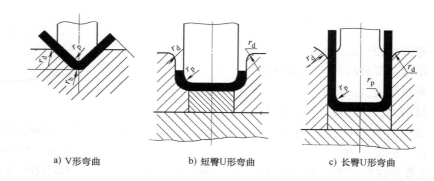

a) V形弯曲　　　　　　b) 短臂U形弯曲　　　　　　c) 长臂U形弯曲

图 2-28　弯曲模工作部分形状与弯曲件尺寸标注

当 $t = 2 \sim 4\mathrm{mm}$ 时，$r_d = (2 \sim 3)t$。

当 $t > 4\mathrm{mm}$ 时，$r_d = 2t$。

2）凸、凹模间隙。对于 V 形件，模具间隙可通过调节压力机闭合高度得到，因而在设计和制造模具时无须考虑。对于 U 形件，凸、凹模间隙按下式确定，即

$$Z = kt_{\min}$$

式中　Z——凸、凹模间隙；

k——系数，对于钢板，$k = 1.05 \sim 1.15$；对于非铁金属，$k = 1.0 \sim 1.1$；

$t_{\min}$——材料最小厚度。

3）凸、凹模宽度尺寸设计。

① 尺寸标注在外形时，应以凹模为基准，如图 2-29a 所示。凹模宽度尺寸按下式确定，即

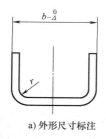　　　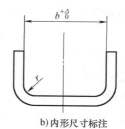

a) 外形尺寸标注　　　　　　　　　　b) 内形尺寸标注

图 2-29　弯曲件尺寸标注

$$b_d = (b - 0.75\Delta)^{+\delta_d}_{\ 0}$$

式中　b_d——凹模宽度尺寸（mm）；

δ_d——模具制造公差（mm），按公差等级 IT6 选取；

Δ——零件的公差（mm）；

b——零件宽度尺寸（mm）。

② 尺寸标注在内形时，应以凸模为基准，如图 2-29b 所示。凸模宽度尺寸按下式确定，即

$$b_p = (b + 0.25\Delta)^{\ 0}_{-\delta_p}$$

式中　b_p——凸模宽度尺寸（mm）；

δ_p——模具制造公差（mm），按公差等级 IT6～IT8 级选取。

相应的模具宽度尺寸需配制，并保证模具间隙。此外，弯曲模的模具长度和凹模深度等工作部分尺寸，应根据弯曲件边长和压力机参数合理选取。

3. 拉深工艺

拉深是把一定形状的平板坯料或空心件通过拉深模制成各种开口空心件的冲压工序。用拉深的方法可以制作筒形、阶梯形、盒形、球形、锥形及其他复杂形状的薄壁零件，如图 2-30 所示。拉深可加工从轮廓尺寸为几毫米、厚度仅 0.2 mm 的小零件到轮廓尺寸达 2～3m、厚度达 200～300mm 的大型零件。因此，拉深在汽车、电器、仪表、电子、航空、航天等工业部门及日常生活用品的冲压生产中占据着相当重要的地位。

拉深分为不变薄拉深和变薄拉深。不变薄拉深制成的零件其各部分厚度与拉深前坯料的厚度相比基本保持不变；变薄拉深制成的零件其筒壁厚度与拉深前相比则有明显的变薄。在实际生产中，应用较广的是不变薄拉深，因此通常所说的拉深主要是指不变薄拉深。

（1）拉深工艺简介

1）拉深过程。将平板坯料拉深成空心筒形件的过程，如图 2-31 所示。拉深模的工作部分没有锋利的刃口，而是具有一定的圆角，其单边间隙稍大于坯料厚度。当凸模向下运动时，即将圆形的坯料经凹模的孔口压下，形成空心的筒形件。

实践表明，在拉深过程中，圆筒底部材料不发生塑性变形，而在筒壁部分却发生塑性变形，塑性变形的程度由底部向上逐渐增大。

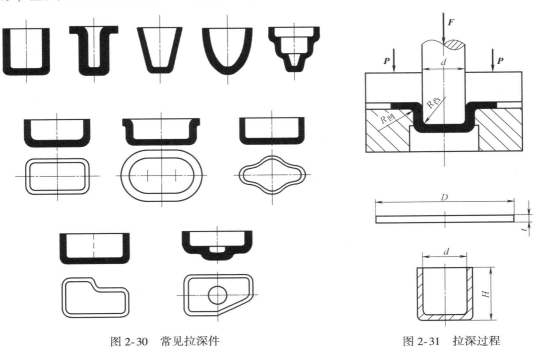

图 2-30 常见拉深件　　　　　图 2-31 拉深过程

2）拉深变形的特点。

① 变形程度大，而且不均匀，因此冷作硬化严重，硬度、屈服强度提高，塑性下降，内应力增大。

② 容易起皱。所谓起皱，是指拉深件的凸缘部分（无凸缘的制件在筒体口部）由于切向压应力过大，材料失去稳定性而在边缘产生皱褶，如图 2-32 所示。产生皱褶后，不仅影响拉深件的质量，更严重的是使拉深无法进行。采用压料圈增加厚度方向的压应力可防止起皱。

③ 拉深件各处厚度不均。拉深件各处变形不一致，各处厚度也不一致，如图 2-33 所示。从图 2-33 中可以看出，拉深件的侧壁厚度是不一样的，上半段变厚，下半段变薄，在凸模圆角部分变薄最严重，很容易拉裂而造成废品，故称该处为"危险断面"。

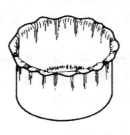
a) 轻微起皱影响质量

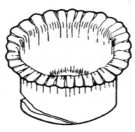
b) 严重起皱导致破裂

图 2-32　拉深中的起皱现象

图 2-33　拉深时工件厚度的变化情况

（2）拉深件的工艺性　在拉深过程中，材料要发生塑性流动，故对拉深件应有下列工艺要求。

1）拉深件的形状应尽量简单、对称，尽可能一次拉深成形，否则应多次拉深并限制每次的拉深程度在许用范围内。

2）凸缘和底部圆角半径不能太小，使拉深件变形容易。

3）凸缘的大小要适当。凸缘过大时凸缘处不易产生变形；凸缘过小，压边圈与凸缘接触面减小，拉深时易起皱。

4）拉深件的壁厚是由边缘向底部逐渐减薄的，因此对拉深件的尺寸标注应只标注外形尺寸（或内形尺寸）和坯料的厚度。

5）拉深件的直径公差等级一般为 IT12～IT15，高度公差等级为 IT13～IT16（公差可按对称公差标注）。当拉深件的尺寸公差等级要求高或圆角半径要求小时，可在拉深以后增加整形工序。

（3）圆筒形件拉深工艺计算

1）拉深件毛坯尺寸的计算。

对于旋转体零件，采用圆形板料，如图 2-34 所示，其直径按面积相等的原则计算（不考虑板料的厚度变化）。图 2-35 所示的不用压边圈拉深模具结构中板料直径可按下式计算，即

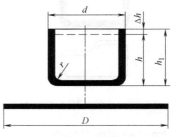

图 2-34　拉深件毛坯尺寸的计算

$$D = \sqrt{(d-2r)^2 + 2\pi r(d-2r) + 8r + 4d(h_1-r)}$$

拉深零件一般需要修边。圆筒形件的修边余量 Δh 按表 2-10 确定。计算板料直径时，应考虑修边余量。

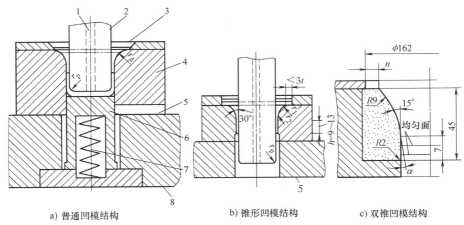

a) 普通凹模结构　　　　b) 锥形凹模结构　　　　c) 双锥凹模结构

图 2-35　不用压边圈拉深模具的结构

1、5—气孔　2—凸模　3—定位板　4—凹模　6—衬垫　7—弹簧　8—底座

表 2-10　修边余量 Δh　　　　　　　　　　（单位：mm）

拉深件高度 h	拉深件的相对高度 h/d			
	0.5~0.8	>0.8~1.6	>1.6~2.5	>2.5~4
≤10	1	1.2	1.5	2
>10~20	1.2	1.6	2	2.5
>20~50	2	2.5	3.3	4
>50~100	3	3.8	5	6
>100~150	4	5	6.5	8
>150~200	5	6.3	8	10
>200~250	6	7.5	9	11
>250~300	7	8.5	10	12

2) 拉深系数和拉深次数的确定。拉深次数与拉深系数有关。

圆筒形件的拉深系数为

$$m = \frac{d}{D}$$

圆筒形件第 n 次拉深系数为

$$m_n = \frac{d_n}{d_{n-1}}$$

式中　d_{n-1}、d_n——第 $(n-1)$ 次和第 n 次拉深后的圆筒直径（mm）。

圆筒形件需要的拉深系数 $m > m_1$，则可一次拉深成形。

3) 拉深力和拉深功的计算。常用下列公式计算拉深力，即

$$P_1 = \pi d_1 t R_m K_1$$

式中　P_1——第一次拉深时的拉深力（N）；

　　K_1——修正系数。

$$P_n = \pi d_n t R_m K_2$$

式中　P_n——第二次及以后各次拉深时的拉深力（N）；

　　K_2——修正系数。

当拉深行程大时，有可能使电动机因超载而损坏，因此还应对电动机功率进行验算。

第一次拉深的拉深功为

$$A_1 = \frac{\lambda_1 P_1 h_1}{1000}$$

以后各次拉深的拉深功为

$$A_n = \frac{\lambda_2 P_n h_n}{1000}$$

式中　λ_1、λ_2——系数;

　　　h_1、h_2——拉深高度（mm）;

拉深所需电动机功率为

$$N = \frac{A \xi n}{60 \times 75 \times \eta_1 \eta_2 \times 1.36 \times 10}$$

式中　A——拉深功（N·m）;

　　　ξ——不均衡系数，一般取 1.2~1.4;

　　　η_1——压力机效率，取 0.6~0.8;

　　　η_2——电动机效率，取 0.9~0.95;

　　　n——压力机每分钟行程次数。

4. 挤压工艺

挤压是利用压力机和模具对金属坯料施加强大的压力，把金属材料从凹模孔或凸模和凹模的缝隙中强行挤出，得到所需工件的一种冲压工艺。

根据加工的材料温度可将挤压分为热挤压、冷挤压和温热挤压。热挤压主要加工大型钢质零件，温热挤压和冷挤压主要加工中小型金属零件。近年来温热挤压和冷挤压应用较多。根据金属材料流动方向和凸模的运动方向，挤压也可分为正挤压、反挤压、复合挤压和径向挤压。现介绍冷挤压工艺。表 2-11 列举出了冷挤压方法。

表 2-11　冷挤压方法

方法	方法说明	图示	举例	例图
正挤压	金属的流动方向与凸模运动方向一致	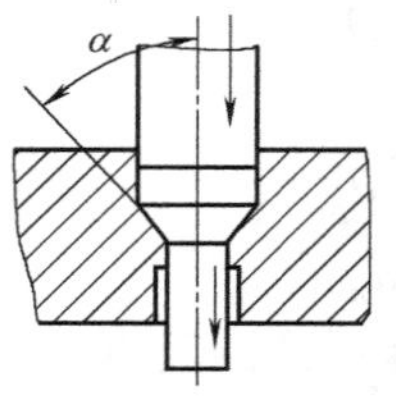	各种空心或实心轴类零件	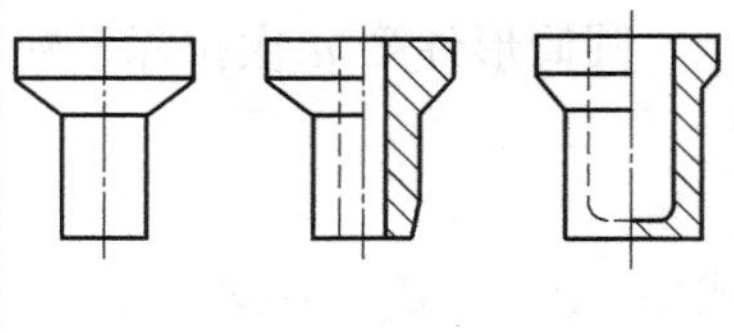
反挤压	金属的流动方向与凸模运动方向相反	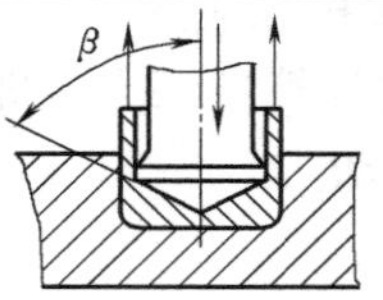	断面为环形的各种零件	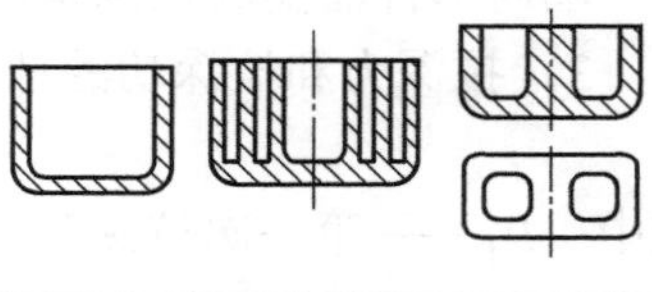
复合挤压	金属的流动方向一部分与凸模运动方向相同，另一部分与凸模运动方向相反	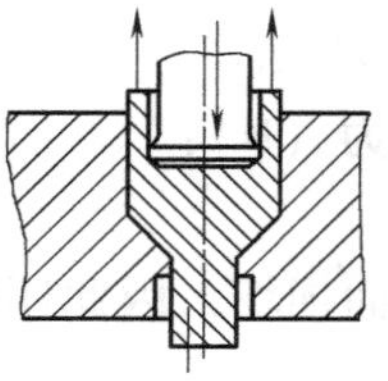	各类较复杂的轴、套类零件	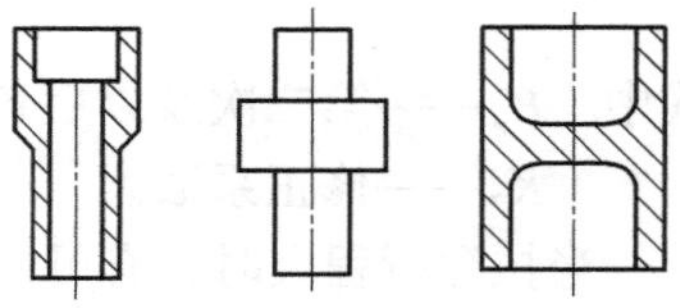

（续）

方法	方法说明	图示	举例	例图
径向挤压	金属的流动方向与凸模运动方向垂直		具有法兰、凸台类的轴对称零件	

（1）冷挤压的特点 挤压加工时，材料在三个方向都受到较大压应力，因此挤压加工具有以下明显的特点：材料的变形程度较大，可加工出形状较复杂的零件，并能够节约原材料；挤压的材料纤维组织呈流线型且组织致密，这使零件的强度、硬度和刚性都有一定的提高；加工的零件有良好的表面质量，表面粗糙度 Ra 为 0.16~1.25μm，尺寸公差等级为 IT10~IT7；挤压需要较大的挤压力，对挤压模的强度、刚度和硬度要求较高，尤其进行冷挤压时模具的开裂和磨损将成为冷挤压工艺中的主要问题。此外，对冷挤压的坯料一般都需要经过软化处理和表面润滑处理，有些挤压后的工件还需消除内应力后才能使用。

（2）冷挤压件的变形程度 冷挤压件的变形程度用断面变化率 ε_A 表示，即

$$\varepsilon_A = \frac{A_0 - A_1}{A_0} \times 100\%$$

式中 A_0——挤压变形前的横断面积；

A_1——挤压件的横断面积。

断面变化率 ε_A 越大，表示变形程度越大，同时模具承受的单位挤压力也越大。当模具承受的单位挤压力超过了模具材料所能承受的单位挤压力时，模具就可能会破裂。因此，防止模具受到过大的单位挤压力就是要控制一次挤压时的变形程度不能过大。一次允许挤压的变形程度称为许用变形程度。

（3）冷挤压件的工艺性 根据冷挤压工艺的特点，冷挤压件形状应对称，断面最好是圆形和矩形。冷挤压件的壁厚 t 不能太薄，低碳钢 $t \geqslant 1$mm，纯铝 $t \geqslant 0.1$mm，黄铜 $t \geqslant 0.8$mm。冷挤压件的深度/直径（h/d）不能太大，低碳钢 h/d 为 2.5~3，铝、铜 h/d 为 6~7。挤压材料应具有良好的塑性、较低的屈服强度且冷作硬化敏感性小。目前常用的挤压材料有非铁金属、低碳钢、低合金钢、不锈钢等。

5. 其他成形工艺

除了冲裁、弯曲、拉深和挤压等基本冲压工艺外，冲压还有翻孔、翻边、胀形、缩口、整形和校平等成形工艺。它们是将经过冲裁、弯曲、拉深和挤压加工后的半成品或经过其他加工后的坯料再进行冲压。从变形特点来看，它们的共同点均属局部变形。不同点是：胀形和翻圆孔属伸长类变形，常因变形区拉应力过大而出现拉裂破坏；缩口和外缘翻凸边属压缩类变形，常因变形区压应力过大而产生失稳起皱；对于校平和整形，由于变形量不大，一般不会产生拉裂或起皱，主要解决的问题是回弹。所以，在制订工艺和设计模具时，一定要根据不同的成形特点确定合理的工艺参数。

（1）翻孔和翻边　翻孔是在预先制好孔的工序件上沿孔边缘翻起竖立直边的成形方法；翻边是在坯料的外边缘沿一定曲线翻起竖立直边的成形方法。利用翻孔和翻边可以加工各种具有良好刚度的立体零件，如自行车中的接头、汽车门外板等，还能在冲压件上加工出与其他零件装配的部位，如铆钉孔、螺纹底孔和轴承座等。因此，翻孔和翻边也是冲压生产中常用的工序之一。图2-36所示为翻孔与翻边零件实例。

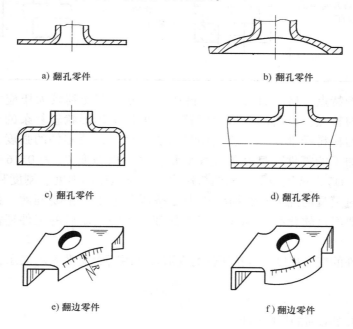

a) 翻孔零件　　　　　b) 翻孔零件

c) 翻孔零件　　　　　d) 翻孔零件

e) 翻边零件　　　　　f) 翻边零件

图 2-36　翻孔与翻边零件实例

（2）胀形　在冲压生产中，一般将平板坯料的局部凸起变形和空心件或管状件沿径向向外扩张的成形工序统称为胀形。常见的胀形有起伏成形（如压制加强肋、凸包、凹坑、花纹图案及标记等）和管胀形（如壶嘴、带轮、波纹管、各种接头等），如图2-37所示。

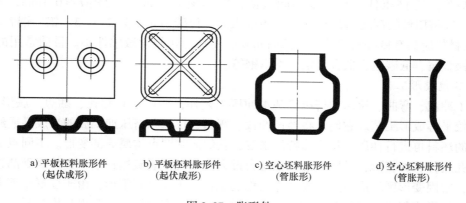

a) 平板坯料胀形件（起伏成形）　b) 平板坯料胀形件（起伏成形）　c) 空心坯料胀形件（管胀形）　d) 空心坯料胀形件（管胀形）

图 2-37　胀形件

（3）缩口 缩口是将圆筒形拉深件或圆管的口部直径缩小的一种变形工艺。圆管经过缩口后，外部直径减小，管壁厚度增加，轴向尺寸增大。零件缩口前后的情况如图2-38所示。在缩口中变形区材料主要受到切向的压缩变形，易在变形区口部失稳起皱和在筒壁处失稳变形。

（4）整形与校平 整形一般安排在拉深、弯曲或其他成形工序之后，用整形的方法可以提高拉深件或弯曲件的尺寸和形状精度，减小圆角半径，如图2-39所示。校平是提高冲裁后工件平面度的一种工序，如图2-40所示。通过校平与整形模使零件产生局部的塑性变形，从而得到合格的零件。这类工序关系到产品的质量及稳定性，因而应用广泛。

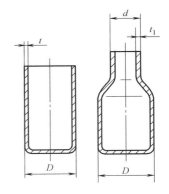

图2-38 零件缩口前
后的情况（$t_1 > t$）

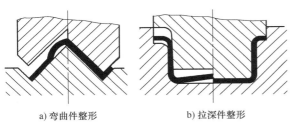

a) 弯曲件整形　　　　b) 拉深件整形

图2-39 零件整形

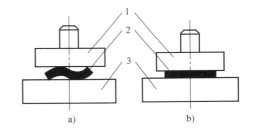

图2-40 零件校平
1—上模板　2—零件　3—下模板

2.2 冲模结构

2.2.1 冲裁模结构及特点

1. 单工序模

单工序模又称为简单模，是指在压力机的一次行程内只完成一种冲压工序的模具，如落料模、冲孔模、弯曲模、拉深模等。

（1）落料模 它是指使制件沿封闭轮廓与板料分离的冲模。根据上、下模的导向形式，有三种常见的落料模结构。

1）无导向落料模（又称为敞开式落料模）。无导向落料模如图2-41所示，工作零件为凸模6和凹模8（凸、凹模具有锋利的刃口，且保持较小而均匀的冲裁间隙），定位零件为固定挡料销7，卸料零件为橡胶5，其余零件起连接固定作用。工作时，条料从右向左送进，首次落料时条料端部抵住固定挡料销7定位，然后由条料上冲得的圆孔内缘与固定挡料销定位。条料定位后上模下行，橡胶5先压紧条料，紧接着凸模6快速穿过条料进入凹模8而完成落料。冲得的制件由凸模从凹模孔中推下，并从压力机工作台孔漏入料箱，箍在凸模上的条料在上模回程时由橡胶5卸下。

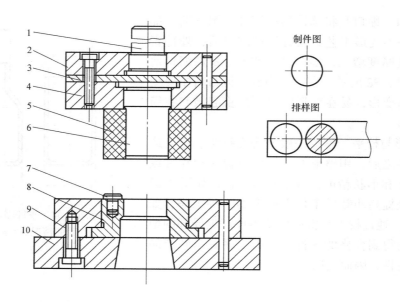

图 2-41　无导向落料模

1—模柄　2—上模座　3—垫板　4—凸模固定板　5—橡胶　6—凸模
7—固定挡料销　8—凹模　9—凹模固定板　10—下模座

制件图

排样图

　　无导向落料模的特点是上、下模无导向，结构简单，容易制造，可以用边角料冲裁，有利于降低制件的成本。但凸模的运动是由压力机滑块导向的，不易保证凸、凹模的间隙均匀，制件精度不高，同时模具安装调整麻烦，容易发生凸、凹模刃口啃切，因而模具寿命和生产率较低，操作也不安全。这种落料模只适用于冲压精度要求不高、形状简单和生产批量不大的制件。

　　2）导板式落料模。导板式落料模如图 2-42 所示，工作零件为凸模 5 和凹模 8，定位零件为活动挡料销 6、始用挡料销 10、导料板 12 和承料板 11，导板 7 既是导向零件又是卸料零件。工作时，条料沿承料板 11、导料板 12 自右向左送进，首次送进时先用手将始用挡料销 10 推进，使条料端部被始用挡料销阻挡定位，凸模 5 下行与凹模 8 一起完成落料，制件由凸模从凹模孔中推下。凸模回程时，箍在凸模上的条料被导板卸下。继续送进条料时，先松手使始用挡料销复位，将落料后的条料端部搭边越过活动挡料销 6 后再反向拉紧条料，活动挡料销抵住搭边定位，落料工作继续进行。因活动挡料销对首次落料起不到作用，故设置始用挡料销。

　　这种冲模的主要特征是凸模的运动依靠导板导向，易于保证凸、凹模间隙的均匀性，同时凸模回程时导板又可起卸料作用（为了保证导向精度和导板的使用寿命，工作过程中不允许凸模脱离导板，故需采用行程较小的压力机）。导板模与无导向模相比，制件精度高，模具寿命长，安装容易，卸料可靠，操作安全，但制造比较麻烦，一般用于形状较简单、尺寸不大、料厚大于 0.3mm 的小件冲裁。

　　3）导柱式落料模。导柱式固定卸料落料模如图 2-43 所示，凸模 3 和凹模 9 为工作零件，固定挡料销 8 与导料板（与固定卸料板 1 制成了一个整体）为定位零件，导柱 5、导套

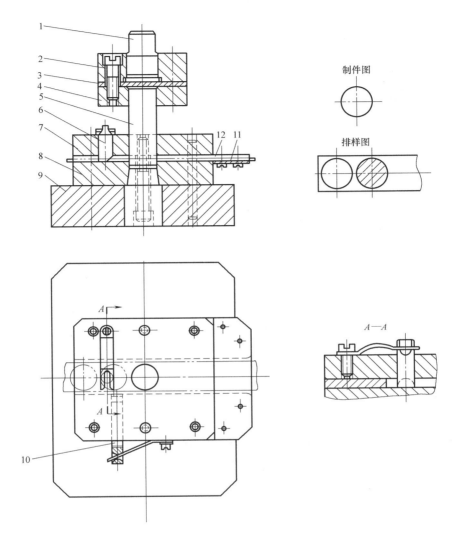

图 2-42　导板式落料模

1—模柄　2—上模座　3—垫板　4—凸模固定板　5—凸模　6—活动挡料销
7—导板　8—凹模　9—下模座　10—始用挡料销　11—承料板　12—导料板

7 为导向零件，固定卸料板 1 只起卸料作用。这种冲模的上、下模正确位置是利用导柱和导套的导向来保证的，而且凸模在进行冲裁之前，导柱已经进入导套，从而保证了在冲裁过程中凸、凹模之间间隙的均匀性。该模具用固定挡料销和导料板对条料定位，制件由凸模逐次从凹模孔中推下并经压力机工作台孔漏入料箱。

导柱式弹顶落料模如图 2-44 所示。该落料模除上、下模采用了导柱 19 和导套 20 进行导向以外，还采用了由卸料板 11、卸料弹簧 2 及卸料螺钉 3 构成的弹性卸料装置和由顶件块 13、顶杆 15、弹顶器（由托板 16、橡胶 22、螺柱 17、螺母 21 构成）构成的弹性顶件装置来卸下废料和顶出制件，制件的变形小，且尺寸精度和平面度较高。这种结构广泛用于冲裁材料厚度较小且有平面度要求的金属件和易于分层的非金属件。

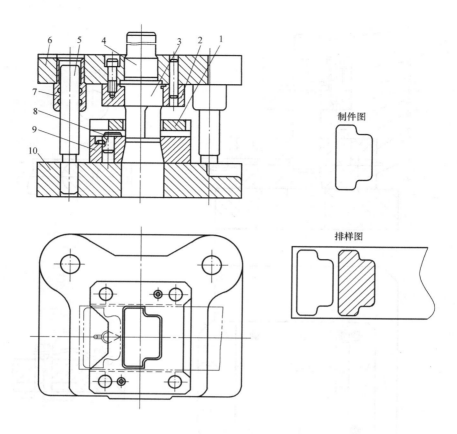

图 2-43 导柱式固定卸料落料模

1—固定卸料板 2—凸模固定板 3—凸模 4—模柄 5—导柱
6—上模座 7—导套 8—固定挡料销 9—凹模 10—下模座

导柱式落料模导向比导板式落料模可靠，制件精度高，模具寿命长，使用安装方便，但模具轮廓尺寸和质量较大，制造成本高。这种冲模广泛用于冲裁生产批量大，精度要求高的制件。

（2）冲孔模 它是指沿封闭轮廓将废料从坯料或工序件上分离而得到带孔制件的冲裁模。冲孔模的结构与一般落料模相似，但冲孔模有自己的特点：冲孔大多在工序件上进行，为了保证工序件平整，冲孔模一般采用弹性卸料装置（兼压料作用），并注意解决好工序件的定位和取出问题；冲小孔时必须考虑凸模的强度和刚度以及快速更换凸模的结构；冲裁成形零件上的侧孔时，需考虑凸模水平运动方向的转换机构等。

导柱式冲孔模如图 2-45 所示，凸模 2 和凹模 3 为工作零件，定位销 1、17 为定位零件，卸料板 5、卸料螺钉 10 和橡胶 9 构成弹性卸料装置。工件以内孔 $\phi 50^{0}_{-0.34}$ mm 和圆弧槽 R7mm 分别在定位销 1 和 17 上定位。弹性卸料装置在凸模 2 下行冲孔时可将工件压紧，以保证冲件平整，在凸模回程时又能起卸料的作用。冲孔废料直接由凸模依次从凹模孔中推出。定位销 1 的右边缘与凹模外侧平齐，可使工件定位时右凸缘悬于凹模以外，以便于取出冲件。

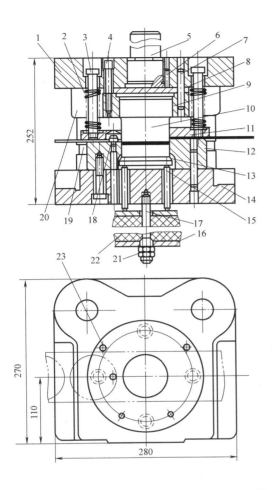

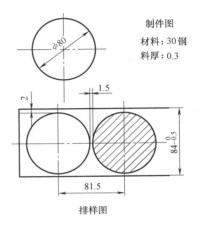

制件图

材料：30钢
料厚：0.3

排样图

图 2-44 导柱式弹顶落料模

1—上模座 2—卸料弹簧 3—卸料螺钉 4—螺钉 5—模柄 6—防转销

7—销 8—垫板 9—凸模固定板 10—凸模 11—卸料板 12—凹模

13—顶件块 14—下模座 15—顶杆 16—托板 17—螺柱

18—固定挡料销 19—导柱 20—导套 21—螺母

22—橡胶 23—导料销

斜楔式侧面冲孔模如图 2-46 所示。该模具依靠固定在上模的斜楔 1 把压力机滑块的垂直运动变为推动滑块 4 的水平运动，从而带动凸模 5 在水平方向进行冲孔。凸模 5 与凹模 6 对准是依靠滑块在导滑槽内滑动来保证的，上模回升时滑块的复位靠橡胶的弹性恢复来完成。斜楔的工作角度取 40°~50°为宜。需要较大冲裁力时，α 也可取 30°，以增大水平推力；要获得较大的凸模工作行程，α 可增加到 60°。工件以内形在凹模 6 上定位。为了保证冲孔位置的准确，弹压板 3 在冲孔之前就把工件压紧。为了排除冲孔废料，应注意开设漏料孔。这种结构的凸模常对称布置，最适宜壁部对称孔的冲裁，主要用于冲裁空心件或弯曲件等成形件上的侧孔、侧槽、侧切口等。

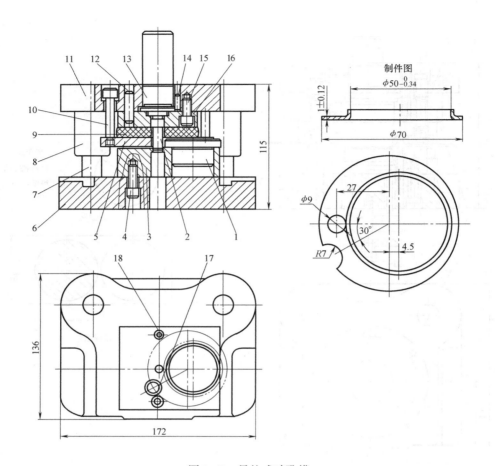

图 2-45 导柱式冲孔模

1、17—定位销   2—凸模   3—凹模   4、15—螺钉   5—卸料板
6—下模座   7—导柱   8—导套   9—橡胶   10—卸料螺钉
11—上模座   12、18—销   13—模柄
14—防转销   16—固定板

全长导向的小孔冲孔模如图 2-47 所示。该模具的结构特点如下。

1）采用了凸模全长导向结构。由于设置了扇形块 8 和凸模活动护套 13，凸模 7 在工作行程中除了进入被冲材料以内的工作部分以外，其余部分都得到了凸模活动护套 13 不间断的导向作用，因而大大提高了凸模的稳定性。

2）模具导向精度高。模具的导柱 11 不但在上、下模之间导向，而且对弹压卸料板 2 也导向。冲压过程中，由于导柱的导向作用，使弹压卸料板中凸模活动护套与凸模之间严格地保持精确滑配，避免了弹压卸料板在冲裁过程中的偏摆。此外，为了提高导向精度，消除压力机滑块导向误差的影响，该模具还采用了浮动模柄结构。

短凸模多孔冲孔模如图 2-48 所示。它用于冲裁孔多而尺寸小的冲裁件。该模具的主要特点是采用了厚垫板短凸模的结构。由于凸模大为缩短，同时以卸料板 5 导向，其配合为 H7/h6，而与凸模固定板 2 以 H8/h6 间隙配合得到良好导向，因此大大提高了凸模的刚度。

卸料板 5 与导板 1 用螺钉、销紧固定位，导板以凸模固定板导向（两者以 H7/h6 配合）做上、下运动，保证了卸料板不产生水平偏摆，避免凸模因承受侧压力而折断。该模具配备了压力较大的弹性元件，这是小孔冲裁模的共同特点，其卸料力一般取冲裁力的 10%，以利于提高冲孔的质量。

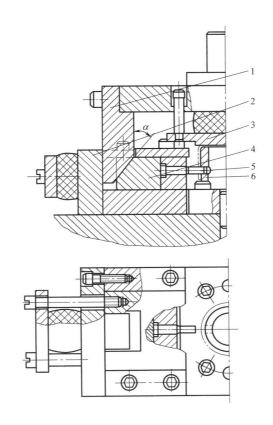

图 2-46 斜楔式侧面冲孔模

1—斜楔 2—座板 3—弹压板 4—滑块 5—凸模 6—凹模

2. 复合模

复合模是指在压力机的一次行程中，在模具的同一个工位上同时完成两道或两道以上不同冲压工序的冲模。复合模是一种多工序冲模。它在结构上的主要特征是有一个或几个具有双重作用的工作零件——凸凹模，如在落料冲孔复合模中有一个既能做落料凸模又能做冲孔凹模的凸凹模，在落料拉深复合模中有一个既能做落料凸模又能做拉深凹模的凸凹模等。

落料冲孔复合模的结构原理图，如图 2-49 所示。凸凹模 5 兼起落料凸模和冲孔凹模的作用，其与落料凹模 3 配合完成落料工序，与冲孔凸模 2 配合完成冲孔工序。在压力机的一次行程内，在冲模的同一工位上，凸凹模既完成了落料又完成了冲孔。冲裁结束后，制件卡在落料凹模内腔由推件块 1 推出，条料箍在凸凹模上由卸料板 4 卸下，冲孔废料卡在凸凹模内由冲孔凸模推下。

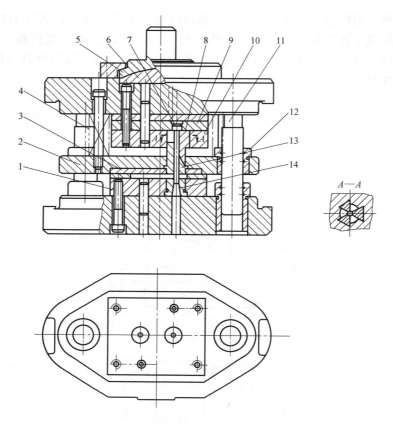

图 2-47　全长导向的小孔冲孔模

1—凹模固定板　2—弹压卸料板　3—托板　4—弹簧　5、6—浮动模柄　7—凸模　8—扇形块
9—凸模固定板　10—扇形块固定板　11—导柱　12—导套　13—凸模活动护套　14—凹模

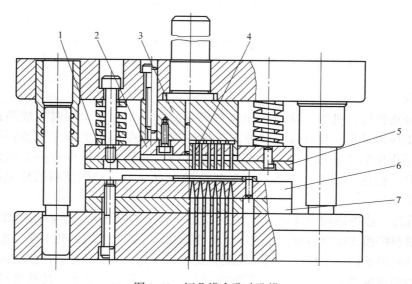

图 2-48　短凸模多孔冲孔模

1—导板　2—凸模固定板　3—垫板　4—凸模　5—卸料板　6—凹模　7—垫板

下面分别介绍落料冲孔复合模和落料拉深复合模的结构、工作原理及特点。

（1）落料冲孔复合模 落料冲孔复合模根据凸凹模在模具中的装置位置不同，有正装式复合模和倒装式复合模两种。凸凹模装在上模的称为正装式复合模，装在下模的称为倒装式复合模。

垫圈落料冲孔正装式复合模如图2-50所示，工作零件为冲孔凸模7、落料凹模6和凸凹模4，定位零件为挡料销12及导料板（与卸料板2制成一整体，即卸料板悬臂下部左侧台阶面），卸料零件为卸料板2，推杆3起推件作用，顶杆11、顶件块5及弹顶器10组成顶件装置，卸料板2还兼起导料板导向作用。因凸凹模在上模，冲孔凸模和落料凹模在下模，故称为正装式复合模。工作时，条料以导料板导向和挡料销定位，上模下行，凸凹模与冲孔凸模和落料凹模一起同时对条料进行冲孔和落料。上模回程时，冲得的垫圈制件由顶件装置从落料凹模内顶出，箍在凸凹模上的条料由卸料板卸下，卡在凸凹模内的冲孔废料由推杆推出。推出的废料和顶出的制件均在落料凹模上面，应及时清理，以保证下次冲压正常进行。该模具中，制件采用双排排样方式，可节省原材料。条料冲完一排制件后再掉头冲第二排制件。另外，该模具在冲压过程中因凸凹模和顶件块始终压住坯料，故冲得的制件平整度很好，同时每次冲出的冲孔废料均由推杆及时推出，可以防止因凸凹模内腔积存废料而引起的胀裂破坏。但这种正装式复合模每次冲压后的制件和冲孔废料都落在落料凹模上，需及时清理，因而生产率不太高，结构也较复杂，一般只有在制件的平整度要求较高、孔间距和孔边距不大的情况下采用。

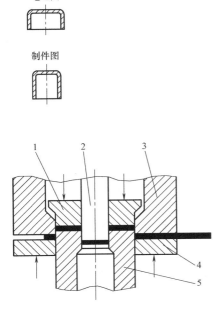

图2-49 落料冲孔复合模的结构原理图
1—推件块 2—冲孔凸模 3—落料凹模
4—卸料板 5—凸凹模

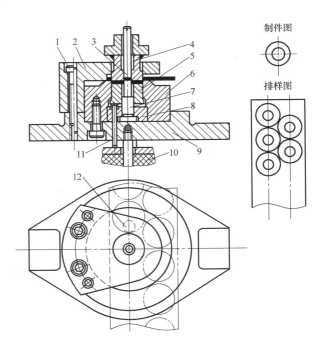

图2-50 垫圈落料冲孔正装式复合模
1—螺钉 2—卸料板兼导料板 3—推杆 4—凸凹模
5—顶件块 6—落料凹模 7—冲孔凸模 8—凸模固定板
9—下模座 10—弹顶器 11—顶杆 12—挡料销

（2）落料拉深复合模　圆筒形件落料拉深复合模如图2-51所示，凸凹模10兼起落料凸模和拉深凹模的作用。这种模具一般设计成先落料后拉深，为此，拉深凸模11的上表面应比落料凹模9的上表面低一个板料厚度。工作时，坯料以导料板5导向从右向左送进，上模下行，凸凹模10与落料凹模9一起先进行落料，继而与拉深凸模11一起进行拉深。在拉深过程中，顶件块12一直与凸凹模10一起将坯料压住兼起压料作用，防止坯料拉深时失稳起皱。上模回程时，顶件块12将制件从拉深凸模上顶起，使之留在凸凹模内，再由推件块4从凸凹模内推出，卸料板6将箍在凸凹模上的坯料卸下。

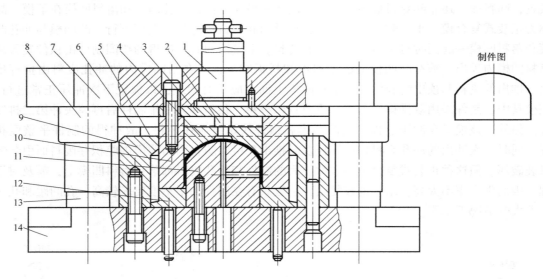

制件图

图2-51　圆筒形件落料拉深复合模

1—模柄　2—打杆　3—垫板　4—推件块　5—导料板　6—卸料板　7—上模座　8—导套　9—落料凹模
10—凸凹模　11—拉深凸模　12—顶件块（兼压料板）　13—导柱　14—下模座

3. 级进模

级进模又称为连续模，是指在压力机的一次行程中，依次在同一模具的不同工位上同时完成多道工序的冲裁模。在级进模上，根据冲件的实际需要将各工序沿送料方向按一定顺序安排在模具的各工位上，通过级进冲压便可获得所需冲件。级进模所完成的各工序均分布在条料的送进方向上，通过级进冲压而获得所需制件，因而它是一种多工序高效率冲模。

级进模结构原理如图2-52所示，沿条料送进方向的不同工位上分别安排了冲孔凸模1和落料凸模2，冲孔凹模和落料凹模均开设在凹模7上。条料沿导料板5从右向左送进时，先用始用挡料销8（用手压住始用挡料销可使始用挡料销伸出导料板挡住条料，松开手后在弹簧作用下始用挡料销便缩进导料板以内，不起挡料作用）定位，在 O_1 的位置上由冲孔凸模1冲出内孔，此时落料凸模2因无料可冲是空行程。当条料继续往左送进时，松开始用挡料销，利用固定挡料销6粗定位，送进距离 $A=D+a_1$，这时条料上冲出的孔处在 O_2 的位置上。当上模下行时，落料凸模端部的导正销3首先导入条料孔中进行精确定位，接着落料凸模对条料进行落料，得到外径为 D、内径为 d 的环形垫圈。与此同时，在 O_1 的位置上又由冲孔凸模冲出了内孔 d，待下次冲压时在 O_2 的位置上又可冲出一个完整的制件。这样连续冲压，在压力机的一次行程中可在冲模两个工位上分别进行冲孔和落料两种不同的冲压工序，且每次冲压均得到一个制件。

级进模不但可以完成冲裁工序，还可完成部分成形工序（如弯曲、拉深等），甚至可以完成一些装配工序。下面主要介绍两种典型的冲裁级进模和弯曲级进模。

（1）冲裁级进模 冲裁级进模根据条料的定位方法不同，常见的结构形式有用固定挡料销与导正销定位的级进模和用侧刃定距的级进模两种。

用固定挡料销和导正销定位的冲裁级进模如图2-53所示，工作零件为冲孔凸模3、落料凸模4和凹模7，定位零件为固定挡料销8、始用挡料销10、导正销6和导料板5（与卸料板制成了一个整体），导料板5既是上、下模的导向装置又是卸料装置，还起到条料导向作用。工作时，条料沿导料板从右向左送进，先用手按住始用挡料销10对条料进行初始定位，

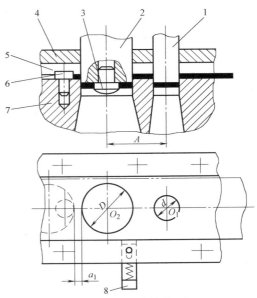

图2-52 级进模结构原理
1—冲孔凸模 2—落料凸模 3—导正销 4—卸料板
5—导料板 6—固定挡料销 7—凹模 8—始用挡料销

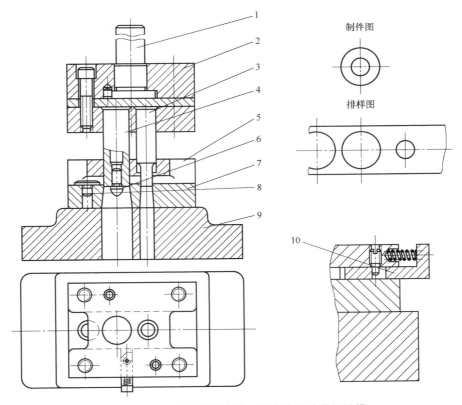

图2-53 用固定挡料销和导正销定位的冲裁级进模
1—模柄 2—上模座 3—冲孔凸模 4—落料凸模 5—导料板（兼卸料板）
6—导正销 7—凹模 8—固定挡料销 9—下模座 10—始用挡料销

上模下行对条料进行冲孔，并将冲孔废料从凹模孔中推下。松开始用挡料销，继续送进条料至以固定挡料销8定位，上模二次下行，导正销6导入第一步冲得的孔中后紧接着落料凸模4冲下制件，并将其从凹模孔中推下。与此同时，冲孔凸模3又冲出一孔。上模每次回程时，箍在凸模上的条料被导料板卸下。每件条料冲完第一孔后不再用始用挡料销，只用固定挡料销定位。每次行程冲下一个制件并冲出一个内孔。

用侧刃定距的冲裁级进模如图2-54所示。该模具设有随凸模一起固定在凸模固定板7上的左右两个侧刃16，凹模14上开设有侧刃型孔，侧刃与侧刃型孔配合，在压力机每次行程中可以沿条料边缘冲下长度等于进距（条料每次送进的距离）的料边。由于导料板11在侧刃的两边左窄右宽形成台肩，故只有侧刃冲去料边后条料才能向前送进一个进距。右侧刃可代替始用挡料销和固定挡料销，左侧刃在条料快送完、右侧刃不能起作用的情况下还能继续对条料定位，以保证条料尾部的材料能得到充分利用。工作时，条料自右向左沿导料板送至侧刃挡块17处挡住，上模下行，凸模9、10和右侧刃完成冲孔和切边，条料变窄，可向

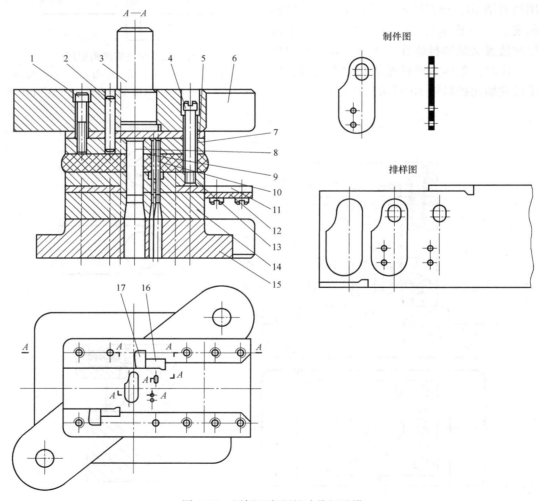

图2-54 用侧刃定距的冲裁级进模

1—螺钉 2—销 3—模柄 4—卸料螺钉 5—垫板 6—上模座 7—凸模固定板 8、9、10—凸模
11—导料板 12—承料板 13—卸料板 14—凹模 15—下模座 16—侧刃 17—侧刃挡块

前送进一个进距，冲得的孔便正好移至凸模 8 的下方，上模二次下行，即可冲得所需制件。与此同时，冲孔凸模又冲得一孔，侧刃又切去一料边，条料又可继续送进。从这时起，左侧刃也开始定位，且每冲一次便可获得一个制件。凸模每次上行时，由卸料板 13 在弹性橡胶的作用下将箍在凸模上的条料卸下，冲孔废料及制件均由凸模依次从凹模孔中推下。

比较上述两种定位方法的级进模可以看出，固定挡料销和导正销定位的级进模结构较简单，模具加工方便，但定位精度不太高，操作不方便，而且当板料厚度较小时，孔的边缘可能被导正销摩擦压弯而起不到导正和定位作用，制件太窄时因进距小又不宜安装固定挡料销和导正销，因此，它一般适用于冲裁料厚大于 0.3mm、材料较硬、尺寸较大及形状较简单的制件。侧刃定距的级进模操作方便，定位精度较高，但消耗材料增多，冲压力增大，模具比较复杂。这种级进模特别适用于冲裁材料较薄、外形径向尺寸较小或窄长形等不宜用导正销定位的制件。

（2）弯曲级进模 弯曲级进模的特点是在压力机的一次行程中，在模具的不同工位上同时能完成冲裁、弯曲等几种不同的工序。同时进行冲孔、切断和弯曲的级进模如图 2-55 所示，用以弯制侧壁带孔的 U 形弯曲件。该模具的工作零件为冲孔凸模 2、冲孔兼切断凹模 1、弯曲凸模 6 及兼弯曲凹模和切断凸模的凸凹模 3，定位零件为挡块 5 和导料板（与卸料板制成了一整体），推件装置由推杆 4 和弹簧构成。工作时，条料以导料板导向送至挡块 5 的右侧面定位，上模下行，条料被凸凹模 3 切断并随即被弯曲凸模 6 压弯成形，与此同时冲孔凸模 2 在条料上冲出孔。上模回程时，卸料板卸下条料，推杆 4 在弹簧的作用下将卡在凸凹模内的制件推下。

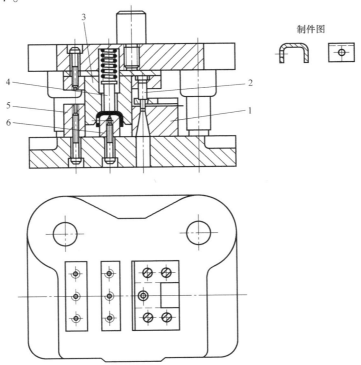

图 2-55 同时进行冲孔、切断和弯曲的级进模
1—冲孔兼切断凹模 2—冲孔凸模 3—凸凹模 4—推杆 5—挡块 6—弯曲凸模

为保证条料被切断后再弯曲，弯曲凸模 6 应比冲孔兼切断凹模 1 低一个板料厚度。另外，采用该模具冲压时，因首次送料用挡块 5 定位，则冲出的首个 U 形件上没有侧向孔。为此，可在首次送料时将料头送至切断凹模刃口以左 1~2mm 处开始冲压，这时首次便可冲出给定位置的孔，料头只浪费 1~2mm，从第二次冲压开始每次均可冲出一个合格制件。

2.2.2 弯曲模结构及特点

弯曲所使用的模具称为弯曲模。弯曲模的结构整体由上、下模两部分组成，模具中的工作零件、卸料零件、定位零件等的作用与冲裁模基本相似，只是零件的形状不同。弯曲不同形状的弯曲件所采用的弯曲模结构也有较大的区别。简单的弯曲模工作时只有一个垂直运动，复杂的弯曲模工作时除垂直运动外，还有一个或多个水平动作。常见的弯曲模有单工序弯曲模、级进弯曲模、复合弯曲模和通用弯曲模等。下面介绍常见的几种单工序弯曲模的结构。

1. V 形件弯曲模

V 形件弯曲模如图 2-56 所示，凸模 3 装在槽形模柄 1 上，并用两个销 2 固定。凹模 5 通过螺钉和销直接固定在下模座上，顶杆 6 和弹簧 7 组成的顶件装置工作行程起压料作用，可防止坯料偏移，回程时又可将弯曲件从凹模内顶出。弯曲时，坯料由定位板 4 定位，在凸、凹模作用下，一次便可将平板坯料弯曲成 V 形件。该模具的优点是结构简单，在压力机上安装、调整模具方便，制件能得到校正，因而制件的回弹小且直边平整。

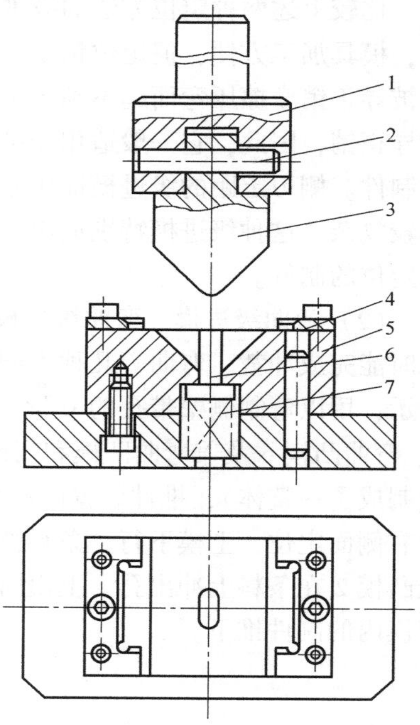

图 2-56　V 形件弯曲模
1—槽形模柄　2—销　3—凸模　4—定位板
5—凹模　6—顶杆　7—弹簧

2. L 形件弯曲模

对于两直边不相等的 L 形弯曲件，如果采用一般的 V 形件弯曲模弯曲，两直边的长度不容易保证，这时可采用 L 形件弯曲模，如图 2-57 所示。图 2-57a 所示弯曲模适用于两直边长度相差不大的 L 形件，图 2-57b 所示弯曲模适用于两直边长度相差较大的 L 形件。由于是单边弯曲，弯曲时坯料容易偏移，因此必须在坯料上冲出工艺孔，利用定位销 4 定位。对于图 2-57b 所示弯曲模，还必须采用压料板 6 将坯料压住，以防止弯曲时坯料上翘。另外，由于单边弯曲时凸模 1 将承受较大的水平侧压力，因此需设置反侧压块 2 以平衡侧压力。反侧压块的高度要保证在凸模接触坯料以前先挡住凸模，为此，反侧压块应高出凹模 3 的上平面，其高度差 h 可按下式确定，即

$$h \geqslant 2t + r_1 + r_2$$

式中　t——料厚；

　　　r_1——反侧压块导向面入口圆角半径；

　　　r_2——凸模导向面端部圆角半径，可取 $r_1 = r_2 = (2 \sim 5)t$。

3. U 形件弯曲模

下出件 U 形件弯曲模如图 2-58 所示，弯曲后零件由凸模直接从凹模推下，不需手工取出弯曲件，模具结构很简单，且对提高生产率和安全生产有一定意义。但这种模具不能进行

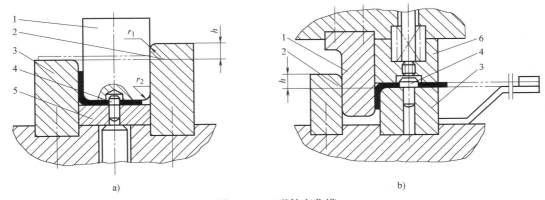

图 2-57 L 形件弯曲模

1—凸模 2—反侧压块 3—凹模 4—定位销 5—顶板 6—压料板

校正弯曲，弯曲件的回弹较大，底部也不够平整，适用于高度较小、底部平整度要求不高的小型 U 形件。为减小回弹，弯曲半径和凸、凹模间隙应取较小值。

上出件 U 形件弯曲模如图 2-59 所示，坯料用定位板 4 和定位销 2 定位，凸模 1 下压时将坯料及顶板 3 同时压下，待坯料在凹模 5 内成形后，凸模回升，弯曲后的零件就在弹顶器（未画出）的作用下，通过顶杆和顶板顶出，完成弯曲工作。该模具的主要特点是在凹模内设置了顶件装置，弯曲时顶板能始终压紧坯料，因此弯曲件底部平整。同时顶板上还装有定位销 2，可利用坯料上的孔（或工艺孔）定位，即使 U 形件两直边高度不同，也能保证弯边高度尺寸。因有定位销定位，定位板可不进行精确定位。如果要进行弯曲校正，顶板可接触下模座，作为凹模底来使用。

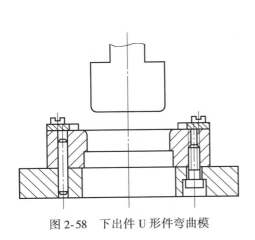

图 2-58 下出件 U 形件弯曲模

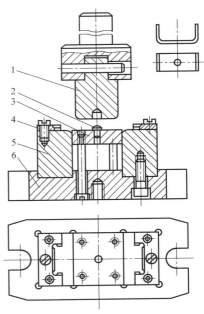

图 2-59 上出件 U 形件弯曲模

1—凸模 2—定位销 3—顶板 4—定位板

5—凹模 6—下模座

弯曲角小于90°的闭角U形件弯曲模如图 2-60 所示，在凹模 4 内安装有一对可转动的凹模镶件 5，其缺口与弯曲件外形相适应。凹模镶件受拉簧 6 和止动销的作用，非工作状态下总是处于图 2-60 所示位置。模具工作时，坯料在凹模 4 和定位销 2 上定位，随着凸模 1 的下压，坯料先在凹模 4 内弯曲成夹角为 90° 的 U 形过渡件，当工件底部接触到凹模镶件后，凹模镶件就会转动而使工件最后成形。凸模回程时带动凹模镶件反转，并在拉簧作用下保持复位状态。同时，顶杆 3 配合凸模一起将弯曲件顶出凹模，最后将弯曲件由垂直于图面方向从凸模上取下。

4. 多角弯曲模

根据制件的高度、弯曲半径及尺寸精度要求不同，有一次成形弯曲模和两次成形弯曲模。

制件的一次成形弯曲模，凸模为阶梯形，如图 2-61 所示。从图 2-61a 可以看出，弯曲过程中由于凸模肩部妨碍了坯料的转动，外

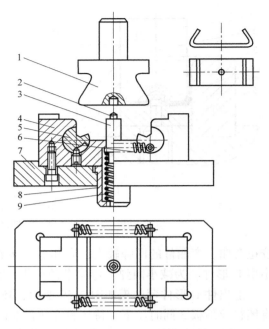

图 2-60 弯曲角小于 90° 的闭角 U 形件弯曲模
1—凸模　2—定位销　3—顶杆　4—凹模　5—凹模镶件
6—拉簧　7—下模座　8—弹簧座　9—弹簧

角弯曲线不断上移，并且随着凸模的下压，坯料通过凹模圆角的摩擦力逐步增加，使得弯曲件侧壁容易擦伤和变薄，同时弯曲后容易产生较大的回弹，使得弯曲件两肩与底部不易平行。但当弯曲件高度较小时，上述影响不太大。图 2-61b 所示弯曲模采用了摆块式凹模，弯曲件的质量比图 2-61a 好，可用于弯曲 r 较小的制件，但模具结构复杂些。

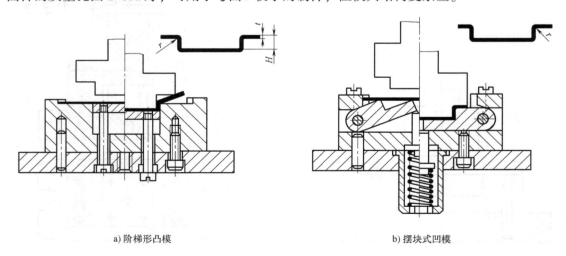

a) 阶梯形凸模　　　　　　　　　　　　　　　　b) 摆块式凹模

图 2-61　一次成形弯曲模

两次成形弯曲模如图 2-62 所示，第一次采用图 2-62a 所示的模具先弯外角，弯成 U 形

工序件；第二次采用图 2-62b 所示的模具再弯内角，弯成制件。由于第二次弯曲内角时工序件需倒扣在凹模上定位，如果制件高度较小，凹模壁厚就会很薄，因此为了保证凹模的强度，制件的高度 H 应大于（12~15）t。

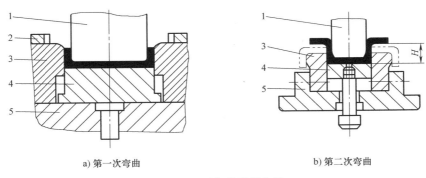

a) 第一次弯曲　　　　　　　　　　　b) 第二次弯曲

图 2-62　两次成形弯曲模

1—凸模　2—定位板　3—凹模　4—顶板　5—下模座

两次弯曲复合的 U 形件弯曲模如图 2-63 所示。凸凹模 1 下行时，先与凹模 2 将坯料弯成 U 形，继续下行时再与活动凸模 3 将 U 形弯成所需形状。这种结构需要凹模下腔空间较大，以方便工件侧边的转动。

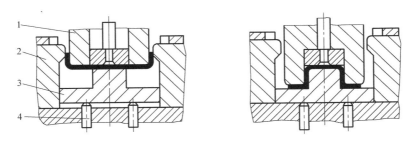

图 2-63　两次弯曲复合的 U 形件弯曲模

1—凸凹模　2—凹模　3—活动凸模　4—顶杆

5. Z 形件弯曲模

Z 形件一次弯曲即可成形。如图 2-64a 所示，Z 形件弯曲模结构简单，但由于没有压料装置，弯曲时坯料容易滑动，只适用于精度要求不高的零件。

图 2-64b 所示的 Z 形件弯曲模设置了顶板 1 和定位销 2，能有效防止坯料的偏移。反侧压块 3 的作用是平衡上、下模之间水平方向的错移力，同时也为顶板导向，防止其窜动。

图 2-64c 所示的 Z 形件弯曲模，弯曲前活动凸模 10 在橡胶 8 的作用下与凸模 4 端面平齐。弯曲时活动凸模与顶板 1 将坯料压紧，并由于橡胶的弹力较大，推动顶板下移使坯料左端弯曲。当顶板接触下模座 11 后，橡胶 8 压缩，则凸模 4 相对于活动凸模 10 下移，将坯料右端弯曲成形。当压块 7 与上模座 6 相碰时，整个弯曲件得到校正。

6. 圆形件弯曲模

一般圆形件尽量采用标准规格的管材切断成形，只有当标准管材的尺寸规格或材质不能满足要求时，才采用板料弯曲成形。用模具弯曲圆形件通常限于中小型件，大直径圆形件可采用辊弯成形。

1）对于直径 $d \leqslant 5mm$ 的小圆形件，一般先弯成 U 形，再将 U 形弯成圆形。图 2-65a 所示为用两套简单模弯圆的方法。由于工件小，分两次弯曲操作不便，可将两道工序合并，如图 2-65b、c 所示。其中图 2-65b 所示为有侧楔的一次弯圆模，上模下行时，芯轴 3 先将坯料弯成 U 形，随着上模继续下行，侧楔 7 便推动活动凹模 8 将 U 形弯成圆形；图 2-65c 所示为另一种一次弯圆模，上模下行时，压板 2 将滑块 6 往下压，滑块带动芯轴 3 先将坯料弯成 U 形，然后凸模 1 再将 U 形弯成圆形。如果工件精度要求高，可旋转工件连冲几次，以获得较好的圆度。弯曲后由垂直于图面方向从芯轴上将工件取下。

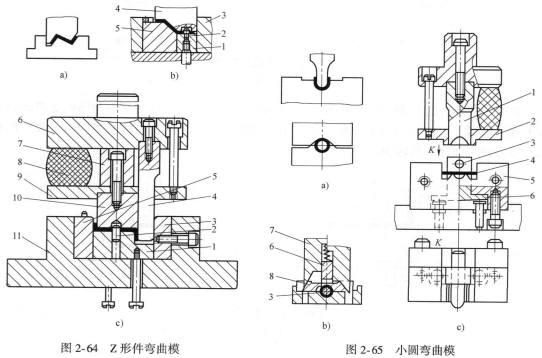

图 2-64　Z 形件弯曲模
1—顶板　2—定位销　3—反侧压块　4—凸模
5—凹模　6—上模座　7—压块　8—橡胶
9—凸模托板　10—活动凸模　11—下模座

图 2-65　小圆弯曲模
1—凸模　2—压板　3—芯轴　4—坯料
5—凹模　6—滑块　7—侧楔　8—活动凹模

2）对于直径 $d \geqslant 20mm$ 的大圆形件，根据圆形件的精度和料厚等要求不同，可以采用一次成形、两次成形和三次成形方法。用三道工序弯曲大圆的方法如图 2-66 所示。这种方法生产率低，适用于料厚较大的工件。用两道工序弯曲大圆的方法如图 2-67 所示，先预弯成三个 120° 的波浪形，然后再用第二套模具弯成圆形，顺凸模轴线方向取下工件。

带摆动凹模的大圆一次成形弯曲模如图 2-68a 所示，上模下行时，凸模先将坯料压成 U 形，上模继续下行，摆动凹模将 U 形弯成圆形，顺凸模轴线方向推开支撑取下工件。这种模具生产率较高，但由于回弹，在工件接缝处留有缝隙和少量直边，工件精度低，模具结构也较复杂。坯料绕芯轴卷制圆形件的方法如图 2-68b 所示，反侧压块的作用是为凸模导向，

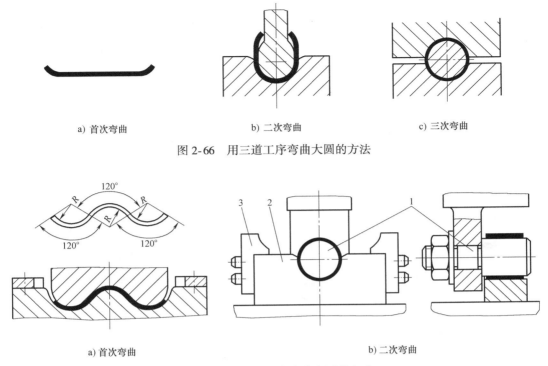

a) 首次弯曲   b) 二次弯曲   c) 三次弯曲

图 2-66 用三道工序弯曲大圆的方法

a) 首次弯曲   b) 二次弯曲

图 2-67 用两道工序弯曲大圆的方法
1—凸模 2—凹模 3—定位板

并平衡上、下模之间水平方向的错移力。这种模具结构简单，工件的圆度较好，但需要行程较大的压力机。

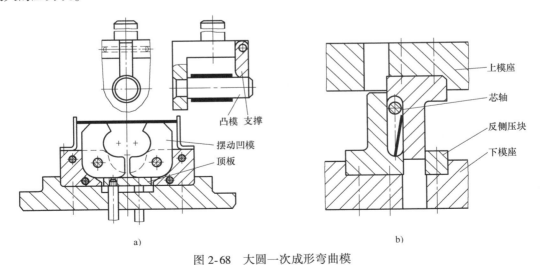

凸模 支撑
摆动凹模
顶板

上模座
芯轴
反侧压块
下模座

a)   b)

图 2-68 大圆一次成形弯曲模

7. 铰链件弯曲模

标准的铰链或合页都是采用专用设备生产的，生产率很高，价格便宜，只有当选不到合适标准铰链件时才用模具弯曲。铰链件弯曲工序的安排如图 2-69 所示，第一道工序的预弯模如图2-70a所示，铰链卷圆通常采用推圆法。立式卷圆模如图2-70b所示，其结构简单；卧式卷圆模如图2-70c所示，其有压料装置，操作方便，零件质量也较好。

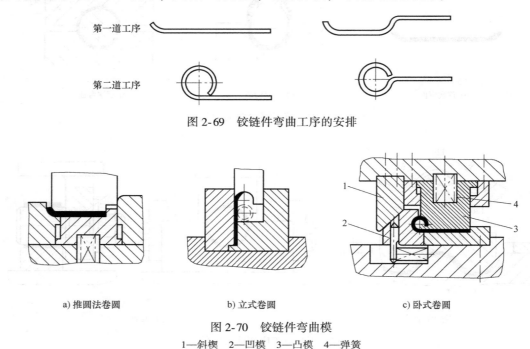

图2-69　铰链件弯曲工序的安排

a) 推圆法卷圆　　　　　　b) 立式卷圆　　　　　　c) 卧式卷圆

图2-70　铰链件弯曲模
1—斜楔　2—凹模　3—凸模　4—弹簧

为保证弯曲件的质量，在应用弯曲模时应注意：防止毛坯在弯曲时产生偏移现象；弯曲时毛坯的变形应尽可能是简单变形，避免毛坯有拉薄或挤压的现象；压力机滑块在到达下死点时，应能使弯曲部分得到校正，以减小弯曲回弹。

2.2.3　拉深模结构及特点

1. 拉深模的种类

拉深模的结构一般较简单，但类型较多。按结构形式与使用要求的不同，可分为首次拉深模与以后各次拉深模、有压料装置拉深模与无压料装置拉深模、正装式拉深模与倒装式拉深模、下出件拉深模与上出件拉深模；按工序的组合程度不同，可分为单工序拉深模、复合工序拉深模与级进工序拉深模；按使用的压力机不同，可分为单动压力机上使用的拉深模与双动压力机上使用的拉深模等，其中单动压力机上使用的拉深模应用广泛。

2. 拉深模的结构

（1）首次拉深模

1）无压料首次拉深模。无压料装置的下出件首次拉深模如图2-71所示。工作时，平板坯料由定位板2定位，凸模1下行将坯料拉入凹模3内。凸模下死点要调到使已成形的工件直壁全部越出凹模工作带。这时由于回弹，工件

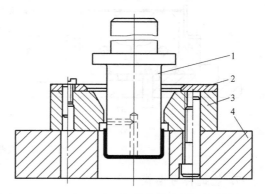

图2-71　无压料装置的下出件首次拉深模
1—凸模　2—定位板　3—凹模　4—下模座

口部直径稍有增大，回程时工件被凹模工作带下的台阶挡住而卸下。坯料厚度小时，工件容易卡在凸、凹模之间的缝隙内，需在凹模台阶处设置刮件板或刮件环。这种拉深模主要适用于坯料相对厚度 $t/D>2\%$ 的厚料拉深，成形后的工件尺寸精度不高，底部不够平整。

这种模具的凸模常与模柄制成一体，以使模具结构简单。但当凸模直径较小时，可与模柄分体制造，中间用模板和固定板并借助螺钉把两者连接起来。为了便于卸件，拉深凸模的工作端要开通气孔，其直径可视凸模直径的大小在 $\phi3\sim\phi8\text{mm}$ 范围内选取。通气孔过长会给钻孔带来困难，可在超出工件高度处钻一横孔与之相通，以减小中心孔的钻孔深度。该模具的凹模为锥形凹模，可提高坯料的变形程度。当工件相对高度 H/d 较小时，也可采用全直壁凹模，使凹模更容易加工。

只进行拉深而没有冲裁加工的拉深模可以不用导向模架。安装模具时，下模先不要固定住，在凹模孔口放置几块厚度与拉深件料厚相同的板条，将凸模引入凹模时下模沿横向做稍许移动便可自动将拉深间隙调整均匀。在闭合状态下，将下模固定住，抬起上模，便可以进行拉深加工。

无压料装置的上出件首次拉深模如图 2-72 所示。它与图 2-71 所示的下出件首次拉深模相比，增加了由顶件块 2、顶杆 3 及弹顶器 4 组成的顶出装置。顶出装置的作用不仅在于形成上出件方式，即将拉深完的工件从凹模内顶出，而且在拉深过程中能始终将板料压紧，并在拉深后期可对拉深件底部进行校平。因此采用这种上出件方式，拉深完的工件底部比较平整，形状也比较规则。

如果回程时工件随凸模上升，打杆 1 撞到压力机横梁时将产生推件力，使工件脱离凸模。弹

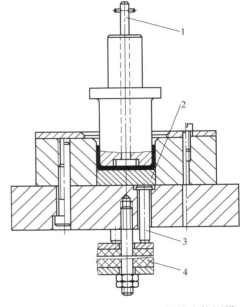

图 2-72　无压料装置的上出件首次拉深模
1—打杆　2—顶件块　3—顶杆　4—弹顶器（橡胶垫）

顶器一般都是冲压车间的通用装置，设计拉深模时只需在下模座留出与螺杆相配的螺孔。当工件较大时，需要的顶件力也较大，应尽可能采用气垫而不用橡胶垫，以减小对压力机的冲击破坏作用。

2）有压料首次拉深模。在单动压力机上使用的拉深模，如果有压料装置，常采用倒装式结构，以便于采用通用的弹顶器并缩短凸模长度。有压料装置的倒装式首次拉深模如图2-73 所示，坯料由定位板 5 定位，上模下行时，坯料在压料圈 6 的压紧状态下由凸模 4 与凹模 3 拉深成形。拉深完的工件在回程时由压料圈 6 从凸模上顶出，再由推件块 2 从凹模内推出。为了便于放入坯料，定位板的内孔应加工出较大的倒角，余下的直壁高度应小于坯料厚度。凸模 4 为阶梯式结构，通过凸模固定板 8 与下模座 9 相连接，这种固定方式便于保证凸模与下模座的垂直度。

（2）以后各次拉深模　它是指对经过一次或几次拉深的空心件进行再次拉深的拉深模。倒装式带压料装置的筒形件以后各次拉深模如图 2-74 所示。该模具的凹模 10 设在上模，凸模 11 和由压料圈 12、螺钉 13 及弹顶器（未绘出）组成的压料装置设在下模。凹模中有由

打杆 6 和推件块 5 组成的推件装置，压料圈 12 还兼有定位和卸件的作用。工作前，模具下方的弹顶器通过螺钉 13 使压料圈 12 的上定位面略高于凸模上端面。工作时，将筒状毛坯套在压料圈上定位，上模下行，毛坯先被凹模和压料圈一起压住，继而被凸模拉入凸、凹模间隙中，使径向尺寸减小而逐步成形。拉深过程中，压料圈始终使毛坯紧贴凹模，防止起皱。限位柱 3 使压料圈与凹模之间一直保持适当间隙，避免压料力过大引起拉裂。上模回升时，制件因压料圈的卸件作用而保留在凹模内随凹模上升，随即模具的推件装置便将卡在凹模内的制件推下。该模具采用倒装式结构，利用安装在模具下方的弹顶器产生弹性压料力，可缩短凸模的长度，并获得可调节的和较大的压料力。

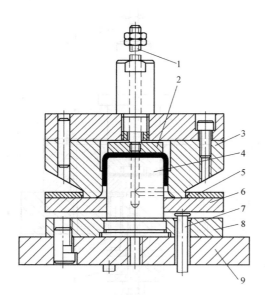 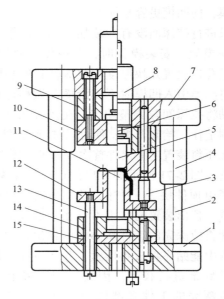

图 2-73　有压料装置的倒装式首次拉深模
1—打杆　2—推件块　3—凹模　4—凸模　5—定位板
6—压料圈　7—顶杆　8—凸模固定板　9—下模座

图 2-74　倒装式带压料装置的筒形件以后各次拉深模
1—下模座　2—导柱　3—限位柱　4—导套
5—推件块　6—打杆　7—上模板　8—模柄
9—凹模固定板　10—凹模　11—凸模
12—压料圈　13—螺钉　14—凸模固定板　15—垫板

2.2.4　挤压模结构及特点

　　根据挤压工序的类型，挤压模有正挤压模、反挤压模、复合挤压模等。挤压模是由工作部分、顶件部分、卸件部分、导向部分、紧固部分等组成的。挤压模与其他类型模具的不同点是挤压时模具承受很大的变形力，这就要求挤压模具有足够的强度、刚度、韧性、硬度和耐磨性。

　　正挤压模如图 2-75 所示。该模具采用了导柱导套导向的通用模架，上下模座比较厚，因此模座的刚性较高。凹模采用双层组合结构，因此提高了凹模的强度。支承凸模和凹模的垫板 2、4 厚度比一般模具所用的垫板要大，这有利于扩散从凸模和凹模中传递来的压力，提高模板的抗压强度。挤压后利用顶杆 5 可将制件从凹模中顶出。该模具具有通用性，可更换模具中工作部分的零件，组成其他的正挤压模具，因此应用较广。

　　反挤压模如图 2-76 所示，凹模由件 3、4 组成。这种凹模结构能避免由于挤压时凹模体

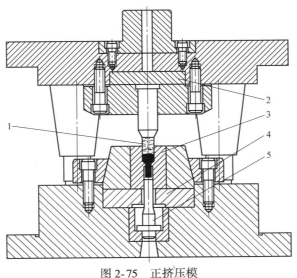

图 2-75　正挤压模

1—凸模　2、4—垫板　3—组合凹模　5—顶杆

内产生过大的应力而使凹模破裂。挤压后制件在凸模 1 上,在上模回程时靠卸料板 2 将制件卸下。

该模具主要用于挤压力较小的非铁金属反挤压加工。

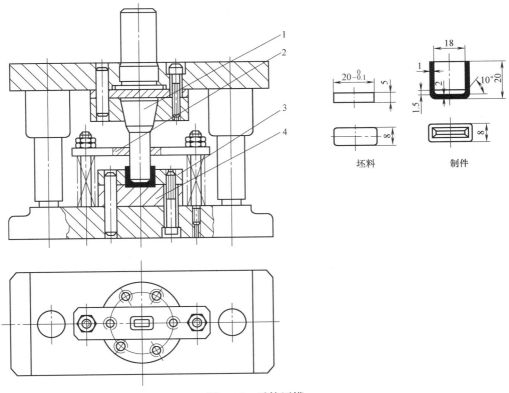

图 2-76　反挤压模

1—凸模　2—卸料板　3、4—凹模

非铁金属复合挤压模如图 2-77 所示。该模具的凹模 6 用紧固圈 8 固定，上模的卸件由橡胶垫 2 和卸料板 3 完成，下模的卸件由顶杆 7 顶出。为了提高上下模的导向稳定性和导向精度，模具采用了加长的导柱导套模架，导柱与导套的配合精度为 H7/h6。

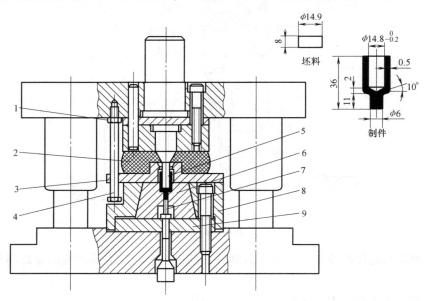

图 2-77　非铁金属复合挤压模

1—螺母　2—橡胶垫　3—卸料板　4—拉杆　5—凸模　6—凹模　7—顶杆　8—紧固圈　9—垫板

挤压模的凹模多采用预应力的组合凹模结构，较少采用整体式结构；支承凸模、凹模的垫板具有一定的厚度，以缓和从凸模、凹模传来的较大压力，防止压坏上、下模座；一般上、下模座采用足够厚的中碳钢制作；采用加长的导柱与导套结构，确保了导向精度和凸模的稳定性。

2.2.5　成形模结构及特点

成形是指用各种局部变形的方法来改变坯料或工序件形状的加工方法，包括胀形、翻孔、翻边、缩口、校平、整形等冲压工序。

1. 胀形模

分瓣式刚性凸模胀形模如图 2-78 所示，工件由下凹模 7 及分瓣凸模 2 定位。当上凹模 1 下行时，将迫使分瓣凸模沿锥形芯块 3 下滑的同时向外胀开，在下死点处完成对工件的胀形。上模回程时，弹顶器（未画出）通过顶杆 6 和顶板 5 将分瓣凸模连同工件一起顶起。由于分瓣凸模在拉簧 4 的作用下始终紧贴锥形芯块，顶起过程中分瓣凸模直径逐渐减小，因此至上死点时能将已胀形的工件顺利地从分瓣凸模上取下。

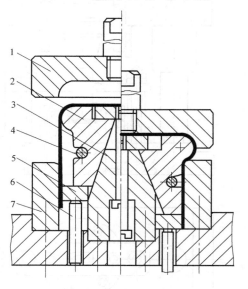

图 2-78　分瓣式刚性凸模胀形模

1—上凹模　2—分瓣凸模　3—锥形芯块
4—拉簧　5—顶板
6—顶杆　7—下凹模

橡胶软凸模胀形模如图2-79所示，工件1在托板5和定位圈6上定位。上模下行时，凹模4压下由弹顶器或气垫支撑的托板，托板向下挤压橡胶凸模2，将工件胀出凸肋。上模回程时，托板和橡胶凸模复位，并将工件顶起。如果工件卡在凹模内，可由推件板3推出。

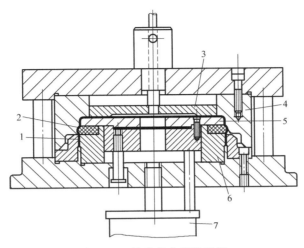

图 2-79 橡胶软凸模胀形模

1—工件 2—橡胶凸模 3—推件板 4—凹模 5—托板 6—定位圈 7—气垫

自行车中的接头橡胶胀形模如图2-80所示，空心坯料在分块凹模2内定位。胀形时，上、下冲头1、4一起挤压橡胶及坯料，使坯料与凹模型腔紧贴合而完成胀形。胀形完成以后，先取下模套3，再撬开分块凹模便可取出工件。接头经胀形以后，还需经过冲孔和翻孔等工序才能最后成形。

2. 翻边模

常见翻边模的结构如图2-81所示。在有预制孔的平板上对预制孔进行翻边的模具结构如图2-81a所示。该结构采用了倒装式，便于安装弹顶器，同时在模具中设置了打件装置。在已经成形的坯件底部的预制孔上进行翻边的结构如图2-81b所示，压板4除在翻边后卸件外，在翻边时，压板还将坯料压紧在凹模上，以避免坯料其他部位变形。工件内外形

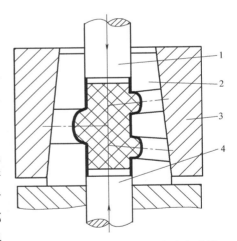

图 2-80 自行车中的接头橡胶胀形模

1、4—冲头 2—分块凹模 3—模套

同时翻边的结构如图2-81c所示。其中制件的内孔翻边与图2-81a所示结构相似，外缘翻边与浅拉深相似。在翻边过程中，坯料始终被夹紧，其变形程度容易控制。

落料、拉深、冲孔、翻孔复合模如图2-82所示，凸凹模8与落料凹模4均固定在固定板7上，以保证同轴度。冲孔凸模2固定在凸凹模1内，并以垫片10调整它们的高度差，以控制冲孔前的拉深高度。该模具的工作过程是：上模下行，首先在凸凹模1和落料凹模4的作用下落料；上模继续下行，在凸凹模1和凸凹模8的相互作用下对坯料进行拉深，弹顶器通过顶杆6和顶件块5对坯料施加压料力。当拉深到一定高度后，由冲孔凸模2和凸凹模

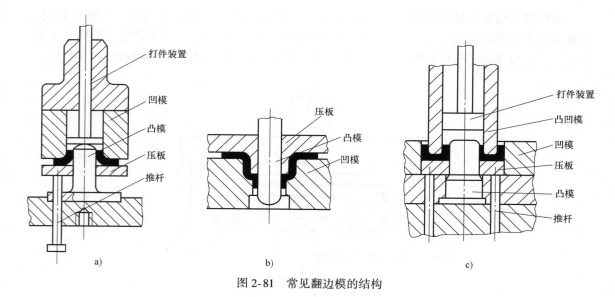

a)　　　　　　　　b)　　　　　　　　c)

图 2-81　常见翻边模的结构

8 进行冲孔，并由凸凹模 1 与凸凹模 8 完成翻孔。当上模回程时，在顶件块 5 和推件块 3 的作用下将制件推出，条料由卸料板 9 卸下。

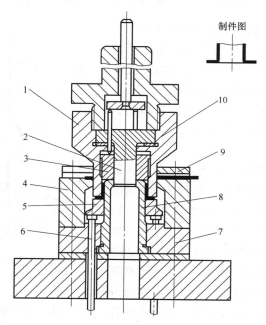

图 2-82　落料、拉深、冲孔、翻孔复合模

1、8—凸凹模　2—冲孔凸模　3—推件块　4—落料凹模

5—顶件块　6—顶杆　7—固定板　9—卸料板　10—垫片

3. 缩口模

缩口模结构如图 2-83 所示，有外支承的缩口模可以预防制件筒壁失稳变形；有内、外支承（心柱支承）的缩口模既可防止筒壁失稳，又可避免缩口处起皱。

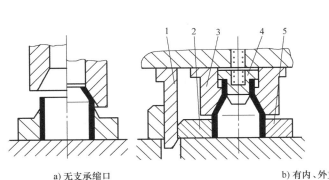
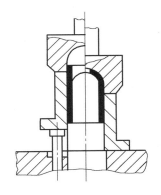

a) 无支承缩口　　　　　　　　　　　　b) 有内、外支承缩口

图 2-83　缩口模结构

1—斜楔　2—滑块　3—凹模　4—心柱　5—夹紧块

2.3　冲模的装配与试模

模具的装配和调整是模具制造中的关键工作。模具装配质量的好坏直接影响制件的质量、模具的技术状态和使用寿命。模具装配是指把组成模具的零部件按照图样的要求连接或固定起来，使之成为满足一定成形工艺要求的专用工艺装备的工艺过程。模具装配过程是模具制造工艺全过程中的关键环节。

2.3.1　模具装配的一般原则

1）预处理工序在前，如零件的倒角、去毛刺、清洗、防锈、防腐应安排在装配前。

2）先下后上，使模具装配过程中的重心处于最稳定的状态。

3）先内后外，先装配产品内部的零部件，使先装部分不妨碍后续的装配。

4）先难后易，在开始装配时，基准件上有较开阔的安装、调整和检测空间，较难装配的零部件应安排在先。

5）可能损坏前面装配质量的工序应安排在先，如装配中的压力装配、加热装配、补充加工工序等，应安排在装配初期。

6）在完成对装配质量有较大影响的工序后，应及时进行检测，检测合格后方可进行后续工序的装配。

7）使用相同设备、工艺装备及具有特殊环境的工序，应集中安排，这样可减少产品在装配地的迂回。

8）处于基准件同一方位的装配工序应尽可能集中连续安排。

9）电线，油、气管路的安装应与相应工序同时进行，以防反复拆装零部件。

10）易碎、易爆、易燃、有毒物质或零部件的安装，尽可能放在最后，以减少安全防护工作量。

2.3.2　模具的装配方法

模具的装配方法是根据模具的产量和装配精度要求等因素来确定的。一般情况下，模具的装配精度要求越高，则其零件的精度要求也越高。但根据模具生产的实际情况，采用合理的装配方法，也可能用较低精度的零件装配出较高精度的模具。所以选择合理的装配方法是模具装配的首要任务。生产实践中常用模具装配方法的特点及其适用场合如下。

1. 互换装配法

根据待装零件能够达到的互换程度，这种方法又可分为完全互换法和不完全互换法。

完全互换法是指装配时各配合零件不经过选择、修理和调整即可达到装配精度要求的装配方法。

采用这种方法时，如果装配精度要求高而且装配尺寸链的组成环较多，容易造成各组成环的公差很小，使零件加工困难。该方法的优点是：装配工作简单，质量稳定，易于流水作业，效率高，对装配工人技术水平要求低，模具维修方便。但它只适用于大批、大量和尺寸链较短的模具零件的装配工作。

采用不完全互换法时，各配合零件的制造公差将有部分不能达到完全互换装配的要求。这种方法克服了前述方法计算出来的零件尺寸公差偏高、制造困难的不足，使模具零件的加工变得容易和经济。它充分改善了零件尺寸的分散规律，在保证装配精度要求的情况下降低了零件的加工精度，适用于成批和大量生产的模具装配。

2. 分组装配法

分组装配法是将模具各配合零件按实际测量尺寸进行分组，在装配时按组进行互换装配，使其达到装配精度的方法。

在成批或大量生产中，当装配精度要求很高时，装配尺寸链中各组成环的公差很小，使零件的加工非常困难，有的可能使零件的加工精度难以达到。此时可先将零件的制造公差扩大数倍，以经济精度进行加工，然后将加工出来的零件按扩大前的公差大小和扩大倍数进行分组，并用不同的颜色加以区别，然后按组进行装配。这种方法在保证装配精度的前提下，扩大了组成零件的制造公差，使零件的加工制造变得容易，适用于要求装配精度高的成批或大量生产模具的装配。

3. 修配装配法

修配装配法是将指定零件的预留修配量修去，达到装配精度要求的方法。

（1）指定零件修配法　它是在装配尺寸链的组成环中，指定一个容易修配的零件为修配件（修配环），并预留一定的加工余量，装配时对该零件根据实测尺寸进行修磨，达到装配精度要求的方法。

指定修配的零件应易于加工，而且在装配时它的尺寸变化不会影响其他尺寸链。热固性塑料压模如图 2-84 所示，装配后要求上型芯 1 的端面和凹模 4 的底面 B、凹模的上平面和上固定板 3 的下平面 A 及凹模下平面和下固定板 6 的上平面 C 同时接触。为了保证零件的加工和装配简化，选择凹模为修配环。凹模的上、下平面在加工时预留一定的修配余量，其大小可根据具体情况或经验确定。修配前应进行预装配，测出实际的修配余量大小，然后拆开凹模按测出的修配余量修配后，再重新装配达到装配要求。

该方法是模具装配中广泛应用的方法，适用于单件或小批量生产的模具装配工作。

（2）合并加工修配法　它是将两个或两个以上的配合零件装配后，再进行机械加工使其达到装配要求的方法。

几个零件进行装配后，其尺寸可以作为装配尺寸链中的一个组成环对待，从而使尺寸链的组成环数减少，公差扩大，容易保证装配精度的要求。如图 2-85 所示，凸模和固定板装配后，要求凸模上端面和固定板的上平面为同一平面。采用合并加工修配法后，在加工凸模和固定板时对 A_1 和 A_2 尺寸就不必严格控制，而是将凸模和固定板装配后再磨削上平面，以保证装配要求。

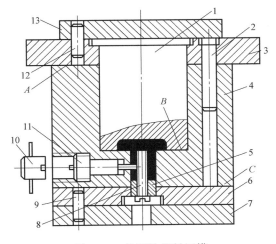

图 2-84 热固性塑料压模

1—上型芯 2—导柱 3—上固定板 4—凹模

5—下型芯 6—下固定板 7—下模板 8、11—型芯

9—销 10—工具 12—销 13—上模板

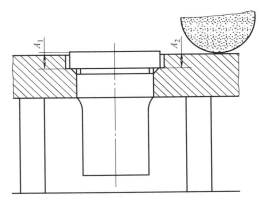

图 2-85 合并加工修配法

4. 调整装配法

调整装配法是用改变模具中调整件的相对位置或选用合适的调整件，以达到装配精度的方法。

（1）可动调整法 它是在装配时用改变调整件的位置来达到装配精度的方法。如图 2-86 所示，用螺钉调整塑料注射模具自动脱螺纹装置滚动轴承的间隙，转动调整螺钉，可使轴承外环做轴向移动，使轴承外环、滚珠及内环之间保持适当的配合间隙。此法不用拆卸零件，操作方便，应用广泛。

（2）固定调整法 它是在装配过程中选用合适的调整件，达到装配精度的方法。如图 2-87 所示，塑料注射模具滑块型芯水平位置的调整，可通过更换调整垫达到装配精度的要求。调整垫可制成不同厚度，装配时根据预装配时对间隙的测量结果，选择一个适当厚度的调整垫进行装配，达到所要求的滑块型芯位置。

2.3.3 模具的装配工艺过程

在总装前应选好装配的基准件，安排好上、下模（或动、定模）装配顺序。在总装时，当模具零件装入上下模板时，先装作为基准的零件，检查无误后再拧紧螺钉，打入销。其他零件以基准件配装，但不要拧紧螺钉，待调整间隙试冲合格后再固紧。

型腔模往往先将要淬硬的主要零件（如动模）作为基准，全部加工完毕后再分别加工与其有关联的其他零件，然后加工定模和固定板的 4 个导柱孔、组合滑块、导轨及型芯等，配镗斜导柱孔，安装好顶杆和顶板，最后将动模板、垫板、垫块、固定板等总装起来。

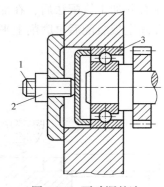

图 2-86　可动调整法
1—调整螺钉　2—锁紧螺母　3—滚动轴承

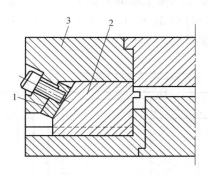

图 2-87　固定调整法
1—调整垫　2—滑块型芯　3—定模板

模具的装配工艺过程如图 2-88 所示。

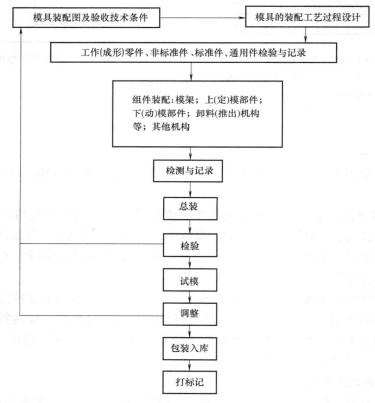

图 2-88　模具的装配工艺过程

2.3.4　冲模装配与试模

1. 冲模装配技术要求

1）模具各零件的材料、几何形状、尺寸精度、表面粗糙度和热处理等均需符合图样要求。零件的工作表面不允许有裂纹和机械伤痕等缺陷。

2) 模具装配后，必须保证模具各零件间的相对位置精度，尤其是制件有些尺寸与几个冲模零件有关时，需特别注意。

3) 装配后的所有模具活动部位应保证位置准确，配合间隙适当，动作可靠，运动平稳。固定的零件应牢固可靠，在使用中不得出现松动和脱落。

4) 选用或新制模架的公差等级应满足制件所需的精度要求。

5) 上模座沿导柱上、下移动应平稳和无阻滞现象，导柱与导套的配合精度应符合标准规定，且间隙均匀。

6) 模柄圆柱部分应与上模座上平面垂直，其垂直度误差在全长范围内不大于0.05mm。

7) 所有凸模应垂直于固定板的装配基面。

8) 凸模与凹模的间隙应符合图样要求，且沿整个轮廓上间隙要均匀一致。

9) 被冲毛坯定位应准确、可靠、安全，排样和出件应畅通无阻。

10) 应符合装配图上除上述以外的其他技术要求。

2. 各类冲模加工、装配特点

各类冲模加工、装配特点见表2-12。

表2-12 各类冲模加工、装配特点

冲模类型	加工、装配特点	说　明
连续模	1) 先加工凸模，并经淬火淬硬 2) 对卸料板进行划线，并加工成形 3) 将卸料板、凸模固定板、凹模毛坯四周对齐，用夹钳夹紧，同时钻销孔及螺纹底孔 4) 用已加工好的凸模在卸料板粗加工的孔中采用压印锉修法将其加工成形 5) 把加工好的卸料板与凹模用销固定，用加工好的卸料孔对凹模划凹模孔，卸下后粗加工凹模孔，然后用凸模压印锉修，保证间隙均匀 6) 用同样的方法加工固定板孔 7) 进行装配，先装下模，装好后配装上模 8) 试冲与调整	假如有电加工设备，应先加工凹模，再以凹模为基准配作卸料板及凸模固定板
复合模	1) 首先加工冲孔凸模，淬火淬硬 2) 对凸凹模进行粗加工，按图样划线，加工后用冲孔凸模压印锉修成形凸凹模内孔 3) 制作一个与工件完全相同的样件，把凸凹模与样件粘合或按图样划线 4) 按样件（或划线）加工凸凹模外形尺寸 5) 把加工好的凸凹模切下一段，作为卸料器 6) 淬硬凸凹模，用此压印锉修凹模孔 7) 用冲孔凸模通过卸料器压印加工凸模固定板 8) 先装上模，再以上模配装下模 9) 试模与调整	有电火花加工设备时，应先加工凸模，将凸模做长一些，以此做电极加工凹模；有线切割设备时，可待冲模零件分别加工成形后再装配

（续）

冲模类型	加工、装配特点	说　明
弯曲模	1）弯曲模工作部分形状比较复杂，几何形状及尺寸精度要求较高，在制造时，凸、凹模工作表面的曲线和折线需用事先做好的样板及样件来控制。样板与样件的加工精度为±0.05mm 2）工作部分表面应进行抛光，应达到 Ra 在 0.40μm 以下 3）凸、凹模尺寸及形状应在修理试合适后进行淬硬，凸模工作部分要加工成圆角 4）在装配时，按冲裁模装配方法装配，借助样板或样件调整间隙	选用卸料弹簧及橡胶时，一定要保证弹力，一般在试模时定
拉深模	1）拉深模工作部分边缘要求修磨出光滑的圆角 2）拉深模应边试模边对工作部分进行锉修，直到修锉冲出合格件后再淬硬 3）借助样件调整间隙 4）大中型拉深模的凸模应留有通气孔，以便于工件的卸出	试冲后确定前道工序坯料尺寸，装配时应注意凸、凹模的相对位置

3. 试模

冲模装配完成后，在生产条件下进行试冲，可以发现模具的设计和制造缺陷，找出产生缺陷的原因，然后对模具进行适当调整和修理后再进行试冲，直到模具能正常工作、冲出合格制件，模具的装配过程即告结束。

4. 凸、凹模间隙的调整方法

在制造冲模时，必须保证凸、凹模间隙的均匀和一致。为此在装配时，一般先根据图样的技术要求确定凸模或凹模在模具中的正确位置，然后以该零件为基准，用间隙找正方法来确定另外一个零件的位置。常见的凸、凹模间隙找正方法有以下 5 种。

（1）测量法　将凸模和凹模分别用螺钉固定在上、下模板的适当位置后，将凸模合入凹模内，用塞尺检查凸、凹模之间的间隙，并测量凸、凹模全部轮廓，根据测量结果即可判断间隙是否均匀；再根据测量结果校正凸模或凹模（后安装的、未放定位销的）的位置，使其周围间隙均匀，用螺钉固定并装上定位销。

（2）透光法　它适用于形状和尺寸不便于用塞尺来测量间隙的情况。透光法就是用灯光透过凸、凹模之间的间隙，凭肉眼根据凸、凹模间隙之间透过来的光线的强弱来判断间隙的大小。

（3）垫片法　根据凸、凹模之间配合间隙的大小，在凸、凹模的配合间隙内垫上厚度均匀的纸条或金属垫片，使凸、凹模配合间隙均匀，如图 2-89 所示。

（4）利用工艺定位器　如图 2-90 所示，d_1 与凸模滑配合，d_2 与凹模滑配合，d_3 与凸、凹模的孔滑配合，并且尺寸 d_1、d_2、d_3 都是在车床的一次装夹中完成的，以保证三者之间的同轴度。

（5）利用工艺尺寸　制造凸模时，将凸模的工作部分加长 1~2mm，将加长部分的尺寸增加到正好与凹模滑配。装配时，凸、凹模容易对中，保证两者配合间隙均匀。在装配完成后将凸模加长部分的工艺尺寸磨去。

也可采用涂层法、镀铜法和化学腐蚀法等方法调整间隙。

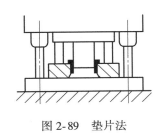

图 2-89 垫片法

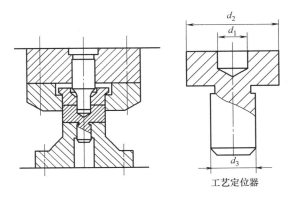

图 2-90 工艺定位器调整间隙

2.4 常用冲压材料

2.4.1 模具材料和冲压用材料

模具材料的选用要综合考虑模具的工作条件、性能要求、材质、形状和结构。模具材料和热处理技术对模具的使用寿命、精度和表面粗糙度起着重要甚至决定性的作用。

1. 模具材料的一般性能要求

模具材料的性能包括力学性能、高温性能、表面性能、工艺性能及经济性能等。各种模具的工作条件不同，对材料性能的要求也各有差异。

1）对冷作模具的要求是具有较高的硬度和强度以及良好的耐磨性，还要具有高的抗压强度和良好的韧性及耐疲劳性。

2）对热作模具除要求具有一般常温性能外，还要具有良好的耐蚀性、耐回火性、抗高温氧化性和耐热疲劳性，同时还要求具有较小的热膨胀系数和较好的导热性，模腔表面要有足够的硬度，而且既要有韧性又要耐磨损。

3）压铸模的工作条件恶劣，因此一般要求其具有较好的耐磨、耐热、抗压缩、抗氧化性能等。

2. 冲压用材料

冲压用材料为各种规格的板料、带料和块料。板料的尺寸较大，一般用于大型零件的冲压。对于中小型零件，多数是将板料剪切成条料后使用。带料（也称卷料）有各种宽度和长度，展开长度可达几千米，成卷供应的主要是薄板，适用于大批量生产的自动送料。块料适用于单件小批量生产和价钱昂贵的非铁金属冲压。

冲压用材料主要有两类，即金属和非金属材料。金属材料又分为钢铁材料和非铁金属材料。

1）钢铁材料包括普通碳素结构钢、优质碳素钢、合金结构钢、碳素工具钢、不锈钢和电工硅钢等。

2）非铁金属材料包括铜及铜合金、铝及铝合金、镁合金和钛合金等。

3）非金属包括纸板、胶木板、塑料板、纤维板和云母等。

3. 冲模常用材料及热处理要求

冲压模具中，凸模和凹模等工作零件材料主要是模具钢。常用的模具钢包括碳素工具钢、合金工具钢、轴承钢、高速工具钢、硬质合金钢和钢结硬质合金等，应根据凸、凹模的工作条件和生产批量选用最适宜的材料及热处理要求。冲模工作零件和一般零件的材料及热处理要求见表 2-13 和表 2-14。

表 2-13　冲模工作零件的材料及热处理要求

模具类型	冲压件情况及对模具工作零件的要求		选用材料及热处理		热处理硬度 HRC	
			材料牌号	热处理	凸模	凹模
冲裁模	I	形状简单、精度较低、冲裁材料厚度≤3mm、批量中等	T8A、T10A 9Mn2V	淬火	56~60	60~64
		带台肩的、快换式的凹、凸模和形状简单的镶块				
	II	材料厚度≤3mm，形状复杂	9CrSi、CrWMn、Cr12、Cr12MoV	淬火	58~62	60~64
		材料厚度＞3mm，形状复杂的镶块				
	III	要求耐磨、高寿命	Cr12MoV	—	—	—
			YG15、YG20			
	IV	冲薄材料用的凹模	T10A			
弯曲模	I	一般弯曲的凸、凹模及镶块	T8A、T10A	淬火	56~62	
	II	形状复杂、高度耐磨的凸、凹模及镶块	CrWMn、Cr12、Cr12MoV	淬火	60~64	
		生产批量特别大	YG15	—	—	
	III	加热弯曲	5CrNiMo、5CrNiTi、5CrMnMo	淬火	52~56	
拉深模	I	一般拉深	T10A	淬火	56~60	58~62
	II	形状复杂、高度耐磨	Cr12、Cr12MoV	淬火	58~62	60~64
	III	生产批量特别大	Cr12MoV	淬火	58~62	60~64
			YG10 YG15	淬火		
	IV	变薄拉深凸模	Cr12MoV	淬火	58~62	
		变薄拉深凹模	Cr12MoV、W18Cr4V	淬火		60~64
			YG10 YG15	—		
	V	加热拉深	5CrNiTi 5CrNiMo	淬火	52~56	52~56
大型拉深模	I	中小批量	HT200	—	—	
			QT600-3	—		197~269HBW

（续）

模具类型		冲压件情况及对模具工作零件的要求	选用材料及热处理		热处理硬度 HRC	
			材料牌号	热处理	凸模	凹模
大型拉深模	Ⅱ	大批量	镍铬铸铁 钼铬铸铁 钼钒铸铁	淬火	火焰淬硬 40～45 火焰淬硬 50～55 火焰淬硬 50～55	
冷挤压模	Ⅰ	挤压铝、锌等非铁金属	T10A Cr12 Cr12Mo	淬火	61 或更高	58～62
	Ⅱ	挤压钢铁材料	Cr12MoV Cr12Mo W18Cr4V	淬火	61 以上	58～62

表 2-14　冲模一般零件的材料及热处理要求

零件名称	选用材料	热处理	硬度 HRC
上、下模板	HT200、HT250	—	—
	ZG270—500、ZG310—570	—	—
	厚钢板加工而成 Q235、Q275	—	—
模柄	45 钢、Q275	—	—
导柱	20 钢、T10A	20 钢渗碳淬硬	60～62
导套	20 钢、T10A	20 钢渗碳淬硬	57～60
凸模、凹模固定板	Q235、Q275	—	—
托料板	Q235	—	—
导尺	Q275 或 45 钢	淬硬	43～48
挡料销	45 钢 T7A	淬硬	43～48(45 钢) 52～57(T7A)
导正销、定位销	T7、T8	淬硬	52～56
垫板	45 钢 T8A	淬硬	43～48(45 钢) 54～58(T8A)
螺钉	45 钢	头部淬硬	43～48
销	45 钢 T7A	淬硬	43～48(45 钢) 52～57(T7A)
推杆、顶杆	45 钢	淬硬	43～48
顶板	45 钢、Q275	—	—
拉深模压边圈	T8A	淬硬	54～58
定距侧刃、废料切刀	T8A	淬硬	58～62
侧刃挡板	T8A	淬硬	54～58

（续）

零件名称	选用材料	热处理	硬度 HRC
定位板	45 钢、T7	淬硬	43~48(45 钢) 52~54(T7A)
斜楔与滑块	T8A、T10A	淬硬	60~62
弹簧	65Mn、60SiMnA	淬硬	40~45

2.4.2　冲模材料的选用原则

模具材料与模具寿命、模具制造成本及模具总成本都有直接关系，在选择模具材料时应充分考虑以下几点。

1）根据被冲裁零件的性质、工序种类及冲裁零件的工作条件和作用来选择模具材料。如冲模工作零件有应力集中、冲击载荷等，要求所选用的模具材料具有较高的强度和硬度、高的耐磨性及足够的韧性；导向零件要求具有较好的耐磨性和韧性，一般常采用低碳钢，经表面渗碳淬火。

2）根据冲压件的尺寸、形状和精度要求来选材。一般来说，对于冲压件形状复杂、尺寸不大的模具，其工作零件常用高碳工具钢制造；对于冲压件形状复杂、尺寸较大的模具，其工作零件选用热处理变形较小的合金工具钢制造；而冲压件精度要求很高的精密冲模的工作零件，常选用耐磨性较好的硬质合金等材料制造。

3）冲压零件的生产批量。对于大批量生产的零件，其模具材料应采用质量较好的、能保证模具寿命的材料；反之，对于小批量生产的零件，则采用较便宜、寿命较短的材料。

4）根据我国模具材料的生产与供应情况，兼顾本单位材料状况与热处理条件选材。

思考与练习

1. _____、_____和_____构成冲压的三要素。

2. 曲柄压力机一般由_____、_____、_____、_____和_____组成，此外还有各种辅助系统和附属装置，如润滑系统、顶件装置、保护装置、滑块平衡装置、安全装置等。

3. 从工序件上冲出所需形状的孔（冲去部分为废料）称为____。

4. 从板料上沿封闭轮廓冲出所需形状的冲压件或工序件称为____。

5. 冲裁过程经历了_____阶段、_____阶段和_____阶段。

6. 工件在条料上的布置方法称为冲裁件的____。

7. 排样时工件之间及工件与条料之间留下的余料称为____。

8. _____是指弯曲时弯曲件在模具中所形成的弯曲角与弯曲半径在出模后会因弹性恢复而改变的现象。

9. ____是利用压力机和模具对金属坯料施加强大的压力，把金属材料从凹模孔或凸模和凹模的缝隙中强行挤出，得到所需工件的一种冲压工艺。

10. 简述冲压与其他加工方法相比较具有的特点。

11. 简述双动拉深液压力机的特点。

12. 简述搭边的作用。
13. 简述模具装配的一般原则。
14. 简述模具的装配方法。
15. 简述冲模的装配技术要求。
16. 简述冲模材料的选用原则。

 学习内容

塑料是由多组分组成的，其主要成分是树脂，另外，根据不同的树脂或者制品的不同要求，加入不同的添加剂，从而获得不同性能的塑料配件。

（1）树脂　合成树脂是塑料的主要成分，在塑料中起粘接作用，也称为粘料。树脂的成分决定塑料的主要性能（物理性能、化学性能、力学性能及电性能），也决定塑料的类型（热塑性或热固性）。

（2）填料　填料在塑料中主要起增强作用，有时还可以使塑料具有树脂所没有的性能。正确使用填料，可以改善塑料的性能，扩大其使用范围，也可减少树脂的含量，降低成本。

对填料的一般要求是：易被树脂浸润；与树脂有很好的黏附性；本身性质稳定；价格便宜；来源丰富。

填料按其形状有粉状、纤维状和片状。常用的粉状填料有木粉、滑石粉、铁粉、石墨粉等；纤维状填料有玻璃纤维、石棉纤维等；片状填料有麻布、棉布、玻璃布等。

（3）增塑剂　增塑剂是为改善塑料的性能、提高柔软性而加入塑料中的一种低挥发性物质。对增塑剂的基本要求是：能与树脂很好地混溶而不起化学变化；不易从制件中析出及挥发；不降低制件的主要性能；无毒、无害、成本低。常用的增塑剂有邻苯二甲酸酯类、癸二酸酯类、磷酸酯类、氯化石蜡等。

（4）稳定剂　稳定剂能阻缓材料变质。常用的稳定剂有二盐基性亚磷酸铅、三盐基性硫酸铅、硬脂酸钡等。

（5）着色剂　着色剂是为了使塑料附上色彩，起着美观和装饰的作用。有的着色剂还具有其他性能，如耐候性。一般对着色剂的要求是：不易分解、耐候性良好、易扩散以及性能稳定。

（6）润滑剂　润滑剂的作用是降低塑料内部分子之间的相互摩擦或者减少和避免对模具的磨损。常用的润滑剂有醇类、脂类、石蜡、硬脂酸以及金属皂类。润滑剂分为两类，即内润滑剂和外润滑剂。

塑料的种类很多，按其受热后所表现的性能不同，可分为热固性塑料和热塑性塑料两大类。

1）热固性塑料　是指在初受热时变软，可以塑制成一定形状，但加热到一定时间后或加入固化剂后就硬化定型、再加热则不熔融也不溶解、形成体型（网状）结构物质的塑料，如酚醛塑料、环氧塑料、氨基塑料等。

2）热塑性塑料　是指在特定温度范围内能反复加热和冷却硬化的塑料。这类树脂在成型过程中只发生物理变化而没有化学变化，所以受热后可多次成型，其废料可回收和重新利用。常用的热塑性塑料有聚乙烯、聚氯乙烯、聚苯乙烯、ABS、有机玻璃、尼龙等。

3.1　塑料成型设备及工艺

3.1.1　常用塑料成型设备

对塑料进行模塑成型所用的设备称为塑料模塑成型设备。按成型工艺方法不同，可分为塑料注射机、液压机、挤出机、吹塑机等。本书主要介绍塑料注射机（又称注射机）。

1. 注射机的分类

注射机类型的划分有不同的方法，但目前多采用以结构特征来区别，通常分为柱塞式（图3-1）和螺杆式（图3-2）两类。最大注射量在60g以上的注射机多数为移动螺杆式。

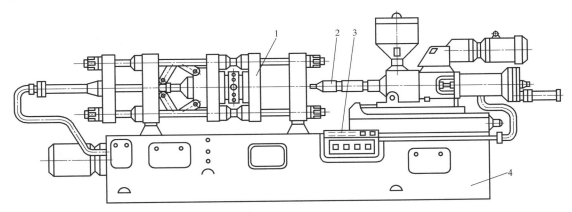

图 3-1　卧式柱塞注射机结构示意图

1—合模装置　2—注射装置　3—液压和电气控制系统　4—机座

2. 注射机的型号和主要技术参数

（1）注射机规格型号　目前各国尚不统一，但主要有注射量、锁模力、注射量与锁模力同时表示三种。我国允许采用注射量、注射量与锁模力同时表示两种表示方法。

1）注射量表示法。如 XS-ZY-500 注射机，各符号的意义如下：

XS——类别代号（XS 为塑料成型机）；

Z——组别代号（Z 为注射）；

Y——预塑方式（螺杆预塑）；

500——主参数（注射量为 500cm³）。

2）注射量与锁模力同时表示法。如 SZ-63/50 注射机，各符号的意义如下：

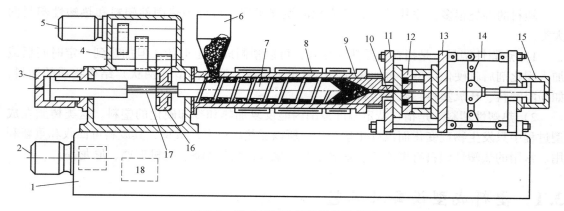

图 3-2 卧式螺杆注射机结构示意图

1—机座 2—电动机及液压泵 3—注射液压缸 4—齿轮箱 5—齿轮传动电动机 6—加料斗 7—螺杆
8—加热器 9—机筒 10—喷嘴 11—定模板 12—模具 13—动模板 14—锁模机构
15—锁模用（副）液压缸 16—螺杆传动齿轮 17—螺杆花键槽 18—油箱

S——类别代号（S 为塑料机械类）；

Z——组别代号（Z 为注射）；

63/50——主参数（注射量为 63cm³，锁模力为 50×10kN）。

（2）注射机的主要技术参数

1）公称注射量。公称注射量是指在对空注射的条件下，注射螺杆或柱塞做一次最大注射行程时，注射装置所能达到的最大注射量。它的大小在一定程度上反映了注射机的加工能力，标志所能成型制件的大小，因而是经常被用来表征注射机规格的参数。

注射量有两种表示法：一种以加工聚苯乙烯塑料为标准，用注射出熔料的质量（单位为 g）表示；另一种用注射出熔料的容积（单位为 cm³）表示。我国注射机规格系列标准采用后一种表示法。

2）注射压力。为了克服熔料经喷嘴、浇注系统流道和型腔时所遇到的一系列流动阻力，在注射时，螺杆或柱塞必须对熔料施加足够的压力，此压力称为注射压力。

3）注射速率。注射时，为了使熔料及时地充满型腔，除了必须有足够的注射压力外，还必须使熔料有一定的流动速度。描述这一参数的量称为注射速率，也可用注射时间或注射速度表示。

4）塑化能力。塑化能力是指单位时间内塑化装置所能塑化的物料量。

5）锁模力。它是指注射机的合模装置对模具所能施加的最大夹紧力。当高压熔料充满型腔时，会产生一个很大的力使模具胀开，因此必须依靠注射机的锁模力将模具夹紧，使模具不被胀开。锁模力应为

$$F \geqslant KpA \times 10^{-1}$$

式中 F——锁模力（kN）；

p——注射压力（MPa）；

A——制件和浇注系统在模具水平分型面上的投影面积总和（cm²）；

K——注射压力损耗系数，一般为 0.4~0.7。

6）合模装置的基本尺寸。合模装置的基本尺寸包括模板尺寸、拉杆间距、模板间最大

距离、移动模板的行程、模具最大和最小厚度等。这些参数制约了注射机所用模具的尺寸范围和动作范围。

以上所述各技术参数主要反映注射机能否满足使用要求的性能特征，是选用注射机时必须参考校核的数据。

3. 注射机的组成

注射机主要由注射系统、锁模系统、模具三部分组成。

（1）注射系统 注射系统是注射机的主要部分，其作用是使塑料均匀地塑化并达到流动状态，在很高的压力和较快的速度下，通过螺杆或柱塞的推挤注射入模。注射系统包括加料装置、机筒、螺杆和喷嘴等部件。

1）加料装置。注射机上的加料斗就是加料装置，其容量一般设计为可供注射机使用1~2h。

2）机筒。机筒的内壁要求尽可能光滑，呈流线型，避免缝隙、死角或不平整。机筒外部有加热元件，可分段加热，通过热电偶显示温度，并通过感温元件控制温度。

3）螺杆。螺杆的作用是送料压实、塑化、传压。当螺杆在机筒内旋转时，将从加料斗来的塑料卷入，并逐步将其压实、排气和塑化，熔化塑料不断由螺杆推向前端，并逐渐积存在顶部与喷嘴之间，螺杆本身受熔体的压力而缓慢后退，当熔体积存到一次注射量时，螺杆停止转动，传递液压或机械力将熔体注射入模。

4）喷嘴。喷嘴是连接机筒和模具的桥梁。它的主要作用是注射时引导塑料从机筒进入模具，并具有一定射程。所以，喷嘴的内径一般都是自进口逐渐向出口收敛，以便与模具紧密接触，如图3-3所示。

注射时，喷嘴与模具的浇口之间要保持一定的压力，以防止因注射的反作用力而造成树脂泄漏。但注射完成后，由于模具需要冷却，此时喷嘴最好脱离模具。

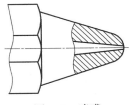

图3-3 喷嘴

（2）锁模系统 最常见的锁模机构是具有曲臂的机械与液压力相结合的装置，如图3-4所示。它具有简单而可靠的特点，故应用较广泛。

（3）模具 利用本身特定形状，使塑料成型为具有一定形状和尺寸的制品的工具称为模具。模具的作用在于：在塑料的成型加工过程中赋予塑料以形状，给予强度和性能，完成成型设备所不能完成的工件，使它成为有用的型材。

3.1.2 塑料成型工艺

1. 塑料的工艺性能

塑料的工艺性能体现了塑料的成型特性，包括流动性、收缩性、结晶性、吸水性、固化速度、比体积和压缩比、挥发物含量等。这里主要介绍塑料的流动性、收缩性、固化速度和挥发物含量。

（1）流动性 塑料在一定的温度与压力下充满模具型腔的能力称为流动性。塑料的黏度越低，流动性越好，越容易充满型腔。

塑料的流动性对塑料制件质量、模具设计以及成型工艺影响很大。流动性好，表示容易充满型腔，但也容易造成溢料；流动性差，容易造成型腔填充不足。形状复杂、型芯多、嵌件多、面积大、有狭窄深槽及薄壁的制件，应选择流动性好的塑料。

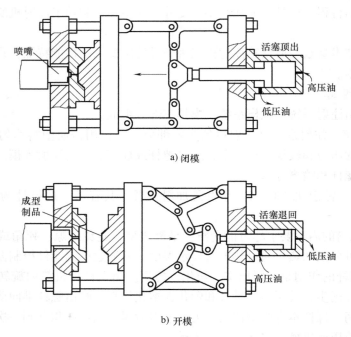

a) 闭模

b) 开模

图 3-4　曲臂锁模机构工作示意图

（2）收缩性　塑料自模具中取出冷却到室温后发生尺寸收缩的特性称为收缩性，其大小用收缩率来表示。

由于原料的差异、配料比例和工艺参数的波动，使塑料的收缩率不是一个常数，而是在一定范围内变化。同一制件在模塑时，由于塑料的流动方向不同，受力的方向不同，各个方向的收缩也会不一致。这种收缩的不均匀在制件内部产生内应力，使制件产生翘曲、弯曲、开裂等缺陷。由于存在内应力等原因，冷却后的制件仍将继续产生收缩或变形，称为后收缩。如制件成型后还要进行退火等热处理，则在这些热处理后制件产生的收缩，称为后处理收缩。

（3）固化速度　固化速度是指从熔融状态的塑料变为固态制件时的速度。对热塑性塑料是指冷却凝固速度，对热固性塑料是指发生交联反应而形成体型结构的速度。固化速度通常以固化制件单位厚度所需的时间表示，单位为 s/mm。

固化速度用来确定成型工艺中的保压时间。固化速度快，表示所需的保压时间短。热固性塑料因要进行交联反应，固化速度比热塑性塑料慢得多，所需的保压时间也就要长得多。固化速度的大小除与塑料种类有关外，还可以通过将原料进行预热、提高模具温度、加大模塑压力等来提高。

（4）挥发物含量　塑料中的挥发物包括水、氯、氨、空气、甲醛等低分子物质。挥发物的来源如下。

1）生产塑料过程中遗留下来及成型之前在运输、保管期间吸收的。

2）成型过程中化学反应产生的副产物。塑料中挥发物的含量过多，收缩率大，制件易产生气泡、组织疏松、变形翘曲、波纹等弊病。但挥发物含量过少，则会使塑料流动性降低，对成型不利。因此，一般都对塑料中挥发物含量有一个规定，超过这个规定时应对原料进行干燥处理。

2. 塑件的成型过程

塑件的模塑成型是将塑料材料在一定的温度和压力作用下，借助于模具使其成型为具有一定使用价值的塑料制件的过程。塑料的模塑成型方法很多，如注射、压缩、压注、挤出、吹塑、发泡等。这里主要介绍注射模塑、压缩模塑和压注模塑。

（1）注射模塑成型过程　注射模塑成型过程包括加热预塑、合模、注射、保压、冷却定形、开模、推出制件等主要工序。现以螺杆式注射机的注射模塑为例予以阐述，如图3-5所示。

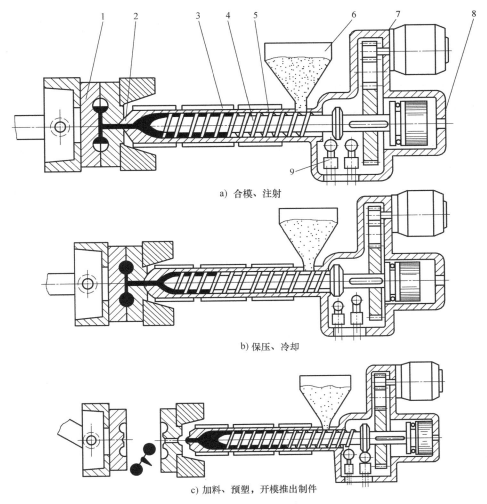

a) 合模、注射

b) 保压、冷却

c) 加料、预塑，开模推出制件

图 3-5　塑件成型过程

1—模具　2—喷嘴　3—加热装置　4—螺杆　5—机筒　6—加料斗　7—螺杆传动装置　8—注射液压缸　9—行程开关

1）加料、预塑。由注射机的加料斗6落入机筒5内一定量的塑料，随着螺杆4的转动沿着螺杆向前输送。在输送过程中，塑料受加热装置3的加热和螺杆剪切摩擦热的作用而逐渐升温，直至熔融塑化成黏流状态，并产生一定的压力。当螺杆头部的压力达到能够克服注射液压缸8活塞后退的阻力（背压）时，在螺杆转动的同时逐步向后退回，机筒前端的熔体逐渐增多。当螺杆退到预定位置时，即停止转动和后退。到此，加热塑化完毕，如图3-5c所示。

2）合模、注射。加料预塑完成后，合模装置动作，使模具1闭合，接着由注射液压缸带动螺杆按工艺要求的压力和速度，将已经熔融并积存于机筒端部的熔融塑料（熔料）经喷嘴2注射到模具型腔，如图3-5a所示。

3）保压、冷却。当熔融塑料充满模具型腔后，螺杆对熔体仍需保持一定压力（即保压），以阻止塑料倒流，并向型腔内补充因制件冷却收缩所需的塑料，如图3-5b所示。在实际生产中，当保压结束后，虽然制件仍在模具内继续冷却，但螺杆可以开始进行下一个工作循环的加料塑化，为下一个制件的成型做准备。

4）开模推出制件。制件冷却定型后，打开模具，在顶出机构的作用下，将制件脱出，如图3-5c所示。此时为下一个工作循环做准备的加热预塑也在进行之中。

注射模塑生产周期短，生产率高，容易实现自动化生产，制件精度也容易保证，适用范围广，但设备昂贵，模具复杂。

（2）压缩模塑成型过程　压缩模塑成型过程包括加料、合模、固化、开模等主要工序。

1）加料。将粉状、粒状、碎屑状或纤维状的塑料放入成型温度下的模具加料腔中，如图3-6a所示。

2）合模加压。上模向下运动使模具闭合，然后加热、加压，熔融塑料充满型腔，产生交联反应固化成型，如图3-6b所示。

3）开模取件。当型腔中的塑料冷却后，打开模具，取出制件，即完成一个模塑过程，如图3-6c所示。

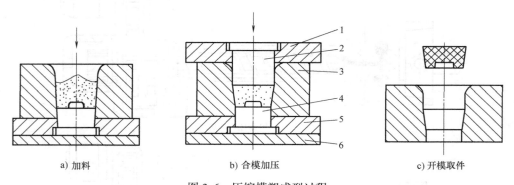

a) 加料　　　　　　　　b) 合模加压　　　　　　　c) 开模取件

图3-6　压缩模塑成型过程

1、5—凸模固定板　2—上凸模　3—凹模　4—下凸模　6—垫板

压缩模塑的优点是：没有浇注系统，料耗少；使用设备为一般压力机，模具结构简单；塑料在型腔内直接受压成型，有利于压制流动性较差的、以纤维为填料的塑料；还可压制较大平面的制件。它的缺点是：生产周期长、效率低；制件尺寸不精确；不能压制带有精细和易断嵌件的制件。

（3）压注模塑成型过程　压注模塑成型过程与压缩模塑成型过程基本相同，如图3-7所示。先将塑料（最好是经预压成锭料和预热的塑料）加入模具的加料腔2内，如图3-7a所示，使其受热成为黏流状态；在柱塞1压力的作用下，黏流塑料经过浇注系统进入并充满闭合的型腔，塑料在型腔内继续受热受压，经过一定时间固化后，如图3-7b所示；打开模具取出制件，如图3-7c所示。

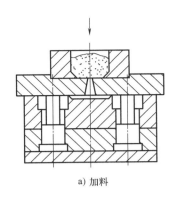
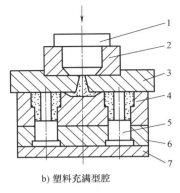
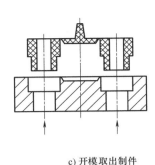

a) 加料   b) 塑料充满型腔   c) 开模取出制件

图 3-7 压注模塑成型过程

1—柱塞 2—加料腔 3—上模板 4—凹模 5—型芯 6—型芯固定板 7—垫板

压注模塑成型时，塑料是在单独设在型腔外的加料腔内塑化、加压进入模具型腔的，所以塑化均匀，可以成型形状复杂和带有精细嵌件的制件，且制件飞边小，尺寸精确。但它的缺点是有浇注系统，耗料多，压力损失大。

3. 塑件工艺性

塑件常用注射、压缩、压注等方法成型，其结构和技术要求都应满足成型工艺性的要求。

(1) 形状 塑件的形状应尽量简单，结构上应尽量避免与脱模方向垂直的侧壁凹槽或侧孔，以简化模具结构。塑件的形状还应保证有足够的强度和刚度，以防止顶出时塑件变形或破裂。

(2) 壁厚 塑件的壁厚应大小适宜而且均匀。壁厚过小，不同表面之间成型时熔体流动阻力大，充模困难，脱模时塑件容易破损；壁厚过大，不但需要增加成型和冷却时间，延长成型周期，而且容易产生气泡、缩孔、凹痕或翘曲等缺陷。塑件的壁厚一般应在 1~5mm。热塑性塑料易于成型薄壁制件，最小壁厚可达 0.5mm，但一般不宜小于 0.9mm。壁厚不均，会因冷却或固化速度不均导致收缩不匀，使制件产生缩孔或缩痕，同时容易产生内应力，使制件翘曲变形，甚至开裂。不合理结构如图 3-8a所示；合理的结构如图 3-8b 所示。

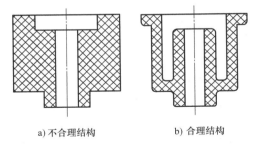

a) 不合理结构   b) 合理结构

图 3-8 壁厚的均匀性

(3) 圆角 塑件结构上无特殊要求时，转角应尽可能以半径为 0.5~1mm 的圆角过渡，以避免出现清角（但在模具分型面处、型芯与型腔结合处或塑件使用性能上要求清角过渡时除外）。

(4) 加强肋 加强肋能在不增加塑件壁厚的条件下提高塑件的刚度和强度，沿着料流方向的加强肋还能减小熔料的充模阻力。设置加强肋时，应尽量减少或避免塑料的局部集中，否则容易产生缩孔或气泡。图 3-9a 所示加强肋的形式较差；图 3-9b 所示形式较好。

(5) 孔 塑件上各种形状的孔应尽可能开设在不减弱塑件机械强度的部位，其形状也应力求不使模具制造工艺复杂化。孔与孔之间、孔与边缘之间应有足够的壁厚。小直径孔的深度不宜过深，一般不超过孔径的 3~5 倍。

(6) 脱模斜度 为了便于脱模，避免擦伤和拉毛，塑件上平行于脱模方向的表面一般

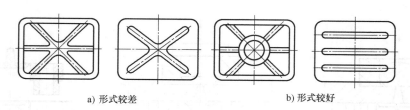

a) 形式较差　　　　　　　　　　b) 形式较好

图 3-9　加强肋的形式

都应具有合理的脱模斜度，如图 3-10 所示。塑件内孔的脱模斜度常取 $40' \sim 1°30'$，外形取 $20' \sim 45'$，尺寸精度要求高的塑件应控制在公差范围之内。脱模斜度的取向原则是：内孔以小端为准，符合图样要求，斜度由扩大方向获得；外形以大端为准，符合图样要求，斜度由缩小方向获得。

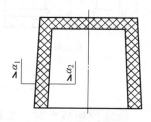

图 3-10　脱模斜度

（7）嵌件　塑件中镶嵌的金属或其他材料制作的零件称为嵌件，如图 3-11 所示。嵌件除应保证能与塑件可靠连接外，还应便于在模具内固定，并能防止漏料或产生飞边。嵌件周围的塑料层应有足够的厚度，以防止因嵌件和塑料的收缩不同而产生的内应力使塑件开裂。

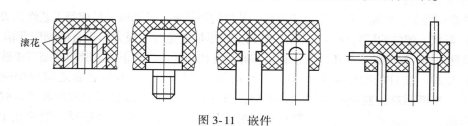

图 3-11　嵌件

（8）花纹、标记和文字　塑件上的花纹、标记和文字应保证易于成形和脱模，并且便于模具制造。

（9）螺纹　塑件上外螺纹的直径不宜小于 4mm，内螺纹的直径不宜小于 2mm，螺纹公差不高于 IT8。塑料螺纹与金属螺纹的连接长度一般不宜超过螺纹直径的 2 倍。同一塑件上有两段同轴螺纹时，应使它们的螺距相等、旋向相同。

（10）尺寸精度　塑料收缩率的波动，成型工艺条件的变化，模具成型零件的制造精度、装配精度及磨损等都会影响塑件的精度。塑件的精度一般低于金属件切削加工的精度。塑件精度划分为 1～8 级，1 级最高、8 级最低。1～2 级为精密技术级，只有在特殊条件下采用；7～8 级的精度太低，一般也不用；常用的是 3～6 级。

3.1.3　成型零件工作尺寸的计算

成型零件工作尺寸是指成型零件上直接用来成型塑件部位的尺寸，主要有型腔和型芯的径向尺寸（包括矩形和异形的长度和宽度尺寸）、型腔的深度和型芯的高度尺寸、型腔（型芯）与型腔（型芯）的位置尺寸等。在模具设计中，应根据塑件的尺寸、精度来确定模具成型零件的工作尺寸及精度。

1. 影响塑件尺寸精度的因素

（1）成型收缩率　塑料成型收缩率与塑件的原材料、塑件的结构、模具的结构以及成

型的工艺条件等因素有关。因此，在实际工作中，成型收缩率的波动很大，从而引起塑件尺寸的误差很大塑件尺寸误差为

$$\delta_S = (S_{max} - S_{min}) L_S$$

式中 δ_S——塑料收缩波动而引起的塑件尺寸误差（mm）；

L_S——塑件尺寸（mm）；

S_{max}——塑件的最大收缩率（%）；

S_{min}——塑件的最小收缩率（%）。

（2）模具成型零件的制造误差 模具成型零件的制造精度是影响塑件尺寸精度的重要因素之一。模具成型零件的制造误差越小，塑件的尺寸精度越高，但是模具零件加工困难，制造成本和加工周期也会加大加长。实践证明，如果模具成型零件的制造误差在 IT7～IT8，成型零件的制造公差占塑件尺寸公差的1/3。

（3）模具成型零件的磨损 模具在使用过程中，由于塑料熔体流动的冲刷、脱模时与塑料的摩擦、成型过程中可能产生的腐蚀性气体的锈蚀，最大的磨损量应取塑件公差的1/6。而大型塑件，模具的成型零件最大磨损量应取塑件公差的1/6以下。

（4）模具安装配合的误差 模具的成型零件由于配合间隙的变化，会引起塑件的尺寸变化。模具的配合间隙误差应不影响模具成型零件的尺寸精度和位置精度。

2. 工作尺寸的计算

工作尺寸计算包括型腔和型芯的径向尺寸、型腔的深度及型芯的高度尺寸、中心距尺寸的计算，见表3-1。

表 3-1 工作尺寸的计算

尺寸部分	简 图	计算公式	说 明
凹模的径向尺寸		1）平均尺寸法 $L_M = (L_S + L_S S_{CP} - x\Delta)^{+\delta_Z}_0$ 2）极限尺寸法。按修模时，凹模尺寸增大容易计算，初步确定凹模的径向最小尺寸 $L_M = (L_S + L_S S_{max} - \Delta)^{+\delta_Z}_0$ 校核塑件的最大径向尺寸 $L_M + \delta_Z + \delta_C - S_{min} L_S \leqslant L_S$	塑件为中小件，$x = \dfrac{3}{4}$，系数 x 随塑件精度和尺寸变化，一般为 0.5～0.8 L_M——凹模的径向尺寸（mm） L_S——塑件径向公称尺寸（mm） S_{CP}——塑件的平均收缩率（%） Δ——塑件公差值（mm） δ_Z——凹模制造公差值（mm） δ_C——凹模的磨损量（mm） S_{max}——塑件的最大收缩率（%） S_{min}——塑件的最小收缩率（%）
型芯的径向尺寸		1）平均尺寸法 $L_M = (L_S + L_S S_{CP} + x\Delta)^0_{-\delta_Z}$ 2）极限尺寸法。按修模时，型芯尺寸减小容易计算，初步确定型芯的径向最大尺寸 $L_M = (L_S + L_S S_{min} + \Delta)^0_{-\delta_Z}$ 校核塑件的最小径向尺寸 $L_M - \delta_Z - \delta_C - S_{max} L_S \geqslant L_S$	塑件为中小件，$x = \dfrac{3}{4}$，系数 x 随塑件精度和尺寸变化，一般为 0.5～0.8 L_M——型芯的径向尺寸（mm） δ_Z——型芯制造公差值（mm） δ_C——型芯的磨损量（mm） 其余符号同上

（续）

尺寸部分	简　图	计算公式	说　明
凹模的深度尺寸		1）平均尺寸法 $$H_M = \left(H_S + H_S S_{CP} - \frac{2}{3}\Delta\right)^{+\delta_Z}_0$$ 2）极限尺寸法。按修模时，深度减小容易计算，初步确定凹模的最大深度尺寸 $$H_M = \left(H_S + H_S S_{min} - \delta_Z\right)^{+\delta_Z}_0$$ 校核塑件的最小深度尺寸 $$H_M - S_{max}H_S + \Delta \geqslant H_S$$	$\frac{2}{3}\Delta$ 项系数，有的资料介绍系数为 0.5 H_M——凹模的深度尺寸（mm） H_S——塑件高度的公称尺寸（mm） δ_Z——凹模深度制造公差值（mm） 其余符号同上
中心距尺寸	$L_S \pm \frac{\Delta}{2}$ $L_M \pm \frac{\delta_Z}{2}$	$$L_M = \left[(1 + S_{CP})L_S\right] \pm (\delta_Z/2)$$	L_M——模具中心距尺寸（mm） L_S——塑件中心距尺寸（mm） δ_Z——模具中心距尺寸制造公差值（mm） 其余符号同上
型芯的高度尺寸	$H_S^{+\Delta}_{\ 0}$ $H_M^{\ 0}_{-\delta_Z}$	1）平均尺寸法 $$H_M = \left(H_S + H_S S_{CP} + \frac{2}{3}\Delta\right)^0_{-\delta_Z}$$ 2）极限尺寸法 ①修模时型芯增长容易计算，初步确定型芯的最小高度尺寸 $$H_M = \left(H_S + H_S S_{max} + \delta_Z\right)^0_{-\delta_Z}$$ 校核塑件的最大孔深尺寸 $$H_M - S_{min}H_S - \Delta \leqslant H_S$$ ②修模时，型芯减短容易计算，初步确定型芯的最大高度尺寸 $$H_M = \left(H_S + H_S S_{min} + \Delta\right)^0_{-\delta_Z}$$ 校核塑件的最小高度尺寸 $$H_M - S_{max}H_S - \delta_Z \geqslant H_S$$	$\frac{2}{3}\Delta$ 项系数，有的资料介绍系数为 0.5 H_M——型芯的高度尺寸（mm） H_S——塑件的深度尺寸（mm） δ_Z——型芯高度制造公差值（mm） 其余符号同上

　　3. 螺纹型芯及型环尺寸计算

　　螺纹型芯是用来成型塑件上的内螺纹（螺孔）的。螺纹型环则是用来成型塑件上的外螺纹（螺杆）的，因此它们也属于成型零件。此外，它们还可用来固定金属螺纹嵌件。

　　（1）螺纹型芯及型环的形式及固定　无论螺纹型芯还是型环，在模具上都有模内自动卸除和模外手动卸除两种类型。对于批量小的螺纹塑件，一般采取螺纹型芯（型环）与塑件一起顶出，然后再从塑件上拧下。对于批量大的螺纹塑件，则采用蜗轮蜗杆、斜齿轮或利用注射机上丝杠等进行脱模。

　　螺纹型芯的固定形式如图 3-12 所示。图 3-13 所示为螺纹型环的固定形式。

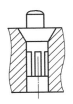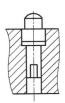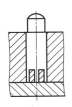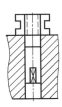

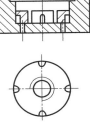

图 3-12　螺纹型芯的固定形式　　　　　　图 3-13　螺纹型环的固定形式

（2）尺寸计算　螺纹的连接种类很多，这里只介绍普通连接用螺纹型芯和型环的计算方法。当塑件外螺纹与塑件内螺纹配合时，制造螺纹型芯和型环时可不考虑塑件螺距的收缩率；当塑件螺纹与金属螺纹的配合长度不超过表 3-2 中所列范围时，则制造螺纹型芯和型环也可不考虑塑件螺距的收缩率；当塑件螺纹与金属螺纹的配合长度超过 7~8 牙时，则制造螺纹型芯和型环时应当考虑塑件螺距的收缩率。螺纹型芯和型环径向尺寸及螺距尺寸计算公式见表 3-3。

表 3-2　不计算收缩率时螺纹的配合极限长度

螺纹代号	螺纹 T /mm	收缩率 S（%）							
		0.2	0.5	0.8	1.0	1.2	1.5	1.8	2.0
		螺纹可以配合的极限长度/mm							
M3	0.5	26	10.4	6.5	5.2	4.3	3.5	2.9	2.6
M4	0.7	32.5	13	8.1	6.5	5.4	4.3	3.6	3.3
M5	0.8	34.5	13.8	8.6	6.9	5.8	4.6	3.8	3.5
M6	1.0	38	15	9.4	7.5	6.3	5	4.2	3.8
M8	1.25	43.5	17.4	10.9	8.7	7.3	5.8	4.8	4.4
M10	1.5	46	18.4	11.5	9.2	7.7	6.1	5.1	4.4
M12	1.75	49	19.6	12.3	9.8	8.2	6.5	5.4	4.9
M14	2.0	52	20.8	13	10.4	8.7	6.9	5.8	5.2
M16	2.0	52	20.8	13	10.4	8.7	6.9	5.8	5.2
M20	2.5	57.5	23	14.4	11.5	9.6	7.1	6.4	5.8
M24	3.0	64	25.4	15.9	12.7	10.6	8.5	7.1	6.4
M30	3.5	66.5	26.6	16.6	13.3	11.1	8.9	7.4	6.7

表 3-3　螺纹型芯和型环径向尺寸及螺距尺寸计算公式

名称	简　图	计算公式	说　明
螺纹型芯尺寸		外径 $d_{M外}=\left[(1+S_{CP})d_{S外}+\Delta_{中}\right]_{-\delta_{外}}^{0}$ 中径 $d_{M中}=\left[(1+S_{CP})d_{S中}+\Delta_{中}\right]_{-\delta_{中}}^{0}$ 内径 $d_{M内}=\left[(1+S_{CP})d_{S内}+\Delta_{中}\right]_{-\delta_{内}}^{0}$ 螺距 $T_{M}=(P+PS_{CP})\pm\delta_{P}$	$d_{M外}$、$d_{M中}$、$d_{M内}$——螺纹型芯的外径、中径及内径公称尺寸（mm） $d_{S外}$、$d_{S中}$、$d_{S内}$——塑件内螺纹外径、中径及内径公称尺寸（mm） S_{CP}——塑件的平均收缩率（%） $\Delta_{中}$——塑件螺纹中径公差值（mm） $\delta_{外}$、$\delta_{中}$、$\delta_{内}$、δ_{P}——螺纹型芯外径、中径、内径和螺距制造公差值（mm） T_{M}——螺纹型芯的螺距公称尺寸（mm） P——塑件内螺纹的螺距公称尺寸（mm）

（续）

名称	简图	计算公式	说　明
螺纹型环尺寸	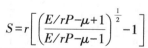	外径 $D_{M外}=\left[(1+S_{CP})D_{S外}-\Delta_{中}\right]+\delta_{外}{}_{0}$ 中径 $D_{M中}=\left[(1+S_{CP})D_{S中}-\Delta_{中}\right]+\delta_{中}{}_{0}$ 内径 $D_{M内}=\left[(1+S_{CP})D_{S内}-\Delta_{中}\right]+\delta_{内}{}_{0}$ 螺距 $T_{S}=(P+PS_{CP})\pm\delta_{P}$	$D_{M外}$、$D_{M中}$、$D_{M内}$——螺纹型环的外径、中径及内径公称尺寸(mm) $D_{S外}$、$D_{S中}$、$D_{S内}$——塑件外螺纹的外径、中径及内径公称尺寸(mm) S_{CP}——塑料的平均收缩率(%) $\Delta_{中}$——塑件螺纹中径公差值(mm) $\delta_{外}$、$\delta_{中}$、$\delta_{内}$、δ_{P}——螺纹型环外径、中径、内径和螺距制造公差值(mm) T_{S}——螺纹型环的螺距公称尺寸(mm) P——塑件外螺纹的螺距公称尺寸(mm)

4. 模具型腔侧壁和底板厚度计算

塑料模在注射成型过程中，由于注射成型压力很高，型腔内部承受熔融塑料的巨大压力，这就要求型腔要有一定的强度和刚度。如果模具型腔的强度和刚度不足，则会造成模具的变形和断裂。型腔侧壁所受的压力应以型腔内所受最大压力为准。对于大型模具的型腔，由于型腔尺寸较大，常常由于刚度不足而弯曲变形，应按刚度计算；对于小型模具的型腔，型腔常在弯曲变形之前，内应力已超过许用应力，应按强度计算。

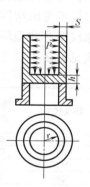

图 3-14　整体式圆形型腔

型腔的形状和结构有各种不同的形式，本书只介绍整体式圆形型腔厚度的计算方法。整体式圆形型腔如图 3-14 所示。

（1）整体式圆形型腔侧壁厚度的计算

1）刚度计算。

$$S=r\left[\left(\frac{E/rP-\mu+1}{E/rP-\mu-1}\right)^{\frac{1}{2}}-1\right]$$

式中　S——圆形型腔的侧壁厚度（mm）；

　　　r——型腔半径，可取塑件半径（mm）；

　　　P——型腔压力（MPa）；

　　　E——模具材料的弹性模量（MPa）；

　　　μ——模具材料的泊松比。

2）强度计算。

$$S=r\left[\left(\frac{[\delta]}{[\delta]-2P}\right)^{\frac{1}{2}}-1\right]$$

式中　S——圆形型腔的侧壁厚度（mm）；

　　　r——型腔半径，可取塑件半径（mm）；

　　　P——型腔压力（MPa）；

　　　$[\delta]$——模具材料的许用应力（MPa）。

（2）整体式圆形型腔底板厚度的计算

1）刚度计算。

$$h = \left(\frac{0.175Pr^4}{E\delta}\right)^{\frac{1}{3}} = 0.56r\left(\frac{Pr}{E\delta}\right)^{\frac{1}{3}}$$

式中　P——型腔压力（MPa）；

　　　r——型腔半径，可取塑件半径（mm）；

　　　E——模具材料的弹性模量（MPa）；

　　　h——型腔底板厚度（mm）；

　　　δ——成型零件的允许变形量（mm）。

2）强度条件。

$$h = \left(\frac{3Pr^2}{4[\delta]}\right)^{\frac{1}{2}} = 0.87r\left(\frac{P}{[\delta]}\right)^{\frac{1}{2}}$$

式中　h——型腔底板厚度（mm）；

　　　P——型腔压力（MPa）；

　　　r——型腔半径，可取塑件半径（mm）；

　　　$[\delta]$——模具材料的许用应力（MPa）。

3.2　塑料模具结构

塑料模是实现塑料成型生产的专用工具和主要工艺装备。利用塑料模可以成型各种形状和尺寸的塑料制件，如日常生活中常见的塑料茶具、塑料餐具及家用电器中的各种塑料外壳等。

塑料模的类型很多，按塑料制件成型的方法不同，可分为注射模、压缩模和压注模；按成型的塑料不同，可分为热塑性塑料模和热固性塑料模等。

塑料模的结构形式与塑料种类、成型方法、成型设备、制件的结构与生产批量等因素有关。但任何一副塑料模的基本结构，都是由动模（或上模）与定模（或下模）两个部分组成的。对固定式塑料模，定模一般固定在成型设备的固定模板（或下工作台）上，是模具的固定部分；而动模一般固定在成型设备的移动模板（或上工作台）上，可随移动模板往复运动，是模具的活动部分。成型时动模与定模闭合构成型腔和浇注系统，开模时动模与定模分开取出制件。对移动式塑料模，模具一般不固定在成型设备上，在设备上成型后用手工移出模具，再用卸模工具打开上、下模取出制件。

塑料模都可以看成由如下一些功能相似的零部件构成。

1）成型零件——直接与塑料接触，并决定塑料制件形状和尺寸精度的零件，即构成型腔的零件，如图 3-15 所示型芯 4、凹模 5 等。它们是模具的主要零件。

2）浇注系统——将塑料熔体由注射机喷嘴或模具加料腔引向型腔的一组进料通道，包括浇口套 8 及开设在分型面上的流道，如图 3-15 所示。

3）导向定位机构——导向定位机构主要用来保证动、定模闭合时的导向和定位，模具安装时与注射机的定位以及推出机构的导向等。一般情况下，动、定模闭合时的导向及定位常采用导柱和导套，或在动、定模部分设置相互吻合的内外圆锥定位件，如图 3-15 所示导柱 3 及定模板 10 上的导向孔等；推出机构的导向常采用推板导柱和推板导套。

4）推出机构——用于在开模过程中将制件及流道凝料从成型零件及流道中推出或拉出的零部件，图 3-15 所示推出机构由推杆 2、拉料杆 1、推杆固定板 14 和推板 15 等组成。

5）侧向分型抽芯机构——用来在开模推出制件前抽出成型制件上侧孔或侧凹的型芯的零部件（图 3-15 中没有设置侧向分型抽芯机构）。

6）排气系统——用来在成型过程中排出型腔中的空气及塑料本身挥发出来的气体的结构。排气系统可以是专门设置的排气槽，也可以是型腔附近的一些配合间隙。一般的排气方式有开设排气槽和利用配合间隙排气等。对中小型塑件，可采用分型面闭合间隙排气或采用推杆、推管、推块、型芯与模板的配合间隙排气；对大型塑件，可在分型面上塑料流的末端开设宽 1.5~6mm、深 0.025~0.05mm 的排气槽。图 3-15 中没有开设排气槽，是利用分型面及型芯与推杆之间的间隙进行排气的。

7）冷却与加热装置——用以满足成型工艺对模具温度要求的装置。为了满足注射成型工艺对模具的温度要求，必须对模具温度进行控制，设置模具温度调节系统。在通常情况下，对于热固性塑料和模具温度要求在 80℃ 以上的热塑性塑料注射成型，模具应设置加热系统；对于要求模具温度较低的热塑性塑料注射成型，模具应设置冷却系统。冷却系统一般为在模具上开设冷却水道，加热系统则是在模具内部或四周安装加热元件。图 3-15 所示模具是注射成型热塑性塑料的，一般不需专门加热，但在型芯和凹模上分别开设了冷却通道 6，以加快制件的冷却定型速度。

8）支承与固定零件——主要起装配、定位和连接的作用，如图 3-15 所示定模座板 9、定位圈 7、定模板 10、动模板 11、支承板 12、动模支架 13 及螺钉、销等。

塑料模就是依靠上述各类零件的协调配合来完成塑料制件成型功能的。当然，并不是所有的塑料模均具有以上各类零件，但成型零件、浇注系统、推出机构和必要的支承与固定零件是必不可少的。

3.2.1 注射模结构和特点

1. 单分型面注射模（两板式模）

如图 3-15 所示，该模具的定模由定模座板 9、凹模 5、定模板 10、定位圈 7、浇口套 8 等零件组成；动模由动模板 11、型芯 4、导柱 3、支承板 12、动模支架 13、推杆 2、拉料杆 1、推杆固定板 14、推板 15 等零件组成。动模与定模之间的接合面 A–A 为分型面。模具用定位圈 7 在注射机上定位，并通过定模座板 9 和动模支架 13 用螺钉和压板分别固定在注射机的固定模板和移动模板上。注射成型前，模具在注射机合模装置的作用下闭合并被锁紧。成型时，注射机从喷嘴中注射出的塑料熔体通过模具浇口套 8 及分型面上的流道进入型腔，待熔体充满型腔并经过保压、补缩和冷却定型后，注射机的合模装置便带动动模左退，从而使动模与定模从分型面 A–A 处开启。由于塑料冷却后对型芯具有包紧作用及拉料杆 1 对流道凝料的拉料作用，模具开启后塑料制件和流道凝料将留在动模一边。当动模开启到一定位置时，由推杆 2、拉料杆 1、推杆固定板 14 和推板 15 组成的推出机构将在注射机合模装置的顶杆作用下与动模其他部分产生相对运动，于是制件和流道凝料便会被推杆和拉料杆从型芯和分型面流道中推出脱落，从而完成一个注射成型过程。

该注射模结构简单，成型塑件的适应性强，但塑件连同凝料在一起，需手工处理。单分型面注射模应用广泛。

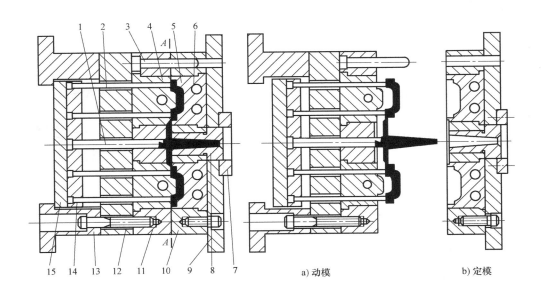

a) 动模　　　　　　　　　　　　b) 定模

图 3-15　单分型面注射模

1—拉料杆　2—推杆　3—导柱　4—型芯　5—凹模　6—冷却通道　7—定位圈　8—浇口套
9—定模座板　10—定模板　11—动模板　12—支承板　13—动模支架　14—推杆固定板　15—推板

2. 双分型面注射模（三板式注射模）

如图 3-16 所示，双分型面注射模与单分型面注射模相比，在动模和定模之间加了一块活动板 13。开模时，活动板 13 与定模板 14 之间在弹簧 2 的作用下，A 面分型，将主流道的凝料脱出。待动模继续后退至定距拉板 1 拉到固定在活动板 13 上的限位钉 3 时，B 面分型，将塑件与浇口拉开，塑件与型芯一起后退，而浇注系统的凝料在 A 分型面上被取出。当动模继续后退，注射机的顶杆接触推板 9 时，推件板 5 在推杆 11 的推动下，将塑件推出、落下。

该注射模能在塑件中心设置点浇口，截面积较小，塑件的外观好，并且有利于自动化生产；但双分型面的注射模结构复杂，成本较高，模具的质量增大，因此双分型面注射模不常用于大型塑件或流动性较差的塑料成型。

3. 带活动嵌件的注射模

如图 3-17 所示，带活动嵌件的注射模无法通过分型面来取出塑件，需要在模具上设置活动的型芯或对拼组合式嵌件。模具开模时，动模板 5

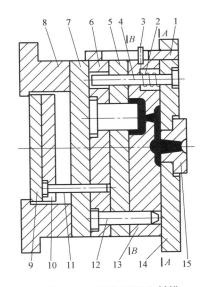

图 3-16　双分型面注射模

1—定距拉板　2—弹簧　3—限位钉　4—导柱
5—推件板　6—动模板　7—支承板　8—模脚
9—推板　10—推杆固定板　11—推杆　12—导柱
13—活动板　14—定模板　15—浇口套

和定模板 1 分开，塑件的外腔与定模脱开，塑件留在活动嵌件 3 上。当动模继续后退，推板 11 接触到注射机的顶杆时，设置在活动嵌件上的推杆 9 将活动嵌件连同塑件一起推出，再由人工将活动嵌件上的塑件取下来。合模时，推杆先在弹簧 8 的作用下复位，之后由人工将活动嵌件插入型芯锥面相应的孔中，最后模具合模。

该注射模手工操作多，生产率低，劳动强度大，只适于小批量生产。

4. 侧向抽芯、侧向分型的注射模

带活动嵌件的注射模适用于侧面有孔或凹槽的塑件的小批量生产，当这类塑件的生产批量较大时，就应采用侧向抽芯或侧向分型的注射模。

（1）斜导柱侧向抽芯注射模 如图 3-18 所示，塑件的侧壁有一孔，这个孔由侧型芯滑块 11 来成型。开模时，动模板 16 与定模板 14 分开，由于斜导柱 10 固定在定模上，而侧型芯滑块由导滑槽与动模部分相连，因此斜导柱在开模力的作用下，带动侧型芯滑块沿导滑槽横向运动以进行侧抽芯。侧抽芯之后，模具的推出机构即可将塑件脱模。

（2）斜滑块侧向分型注射模 如图 3-19 所示，注射成型后，动模板 6 随动模部分向下移动，与定模板 2 分型，至一定距离以后，注射机的顶杆开始与推板 12 接触，推杆 7 将斜滑块 3 与塑件一起从动模板 6 中推出，进行与型芯 5 的脱模。由于斜滑块与动模板之间有斜导槽，所以斜滑块在推出的过程中沿动模板向两侧移动分型，塑件从斜滑块中脱出。

除斜导柱、斜滑块等机构利用开模力进行侧向抽芯或侧向分型外，还可以在模具中装上液压缸或气压缸，带动完成侧向抽芯或侧向分型动作。这类模具广泛用于有侧孔或侧凹的塑件的大批量生产中。

5. 自动卸螺纹的注射模

对于有内、外螺纹，而生产批量又较

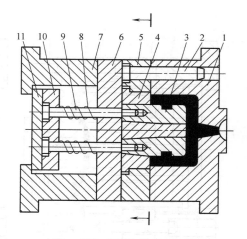

图 3-17　带活动嵌件的注射模

1—定模板　2—导柱　3—活动嵌件　4—型芯
5—动模板　6—支承板　7—模脚　8—弹簧
9—推杆　10—推杆固定板　11—推板

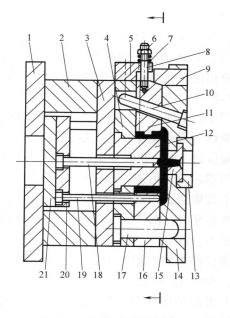

图 3-18　斜导柱侧向抽芯注射模

1—动模座板　2—垫块　3—支承板　4—型芯固定板
5—挡块　6—螺母　7—弹簧　8—滑块拉杆　9—楔
紧块　10—斜导柱　11—侧型芯滑块　12—型芯
13—定位圈　14—定模板　15—浇口套　16—动模板
17—导柱　18—拉料杆　19—推杆
20—推杆固定板　21—推板

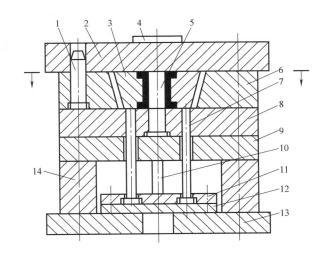

图 3-19　斜滑块侧向分型注射模

1—导柱　2—定模板　3—斜滑块　4—定位圈　5—型芯　6—动模板

7—推杆　8—型芯固定板　9—支承板

10—拉料杆　11—推杆固定板　12—推板　13—定模座板　14—垫板

大的塑件，成型所用的模具大部分采用自动卸螺纹的注射模。使用这类模具可以大大减少劳动量，提高生产率几十倍。

用于角式注射机的自动卸螺纹的注射模如图 3-20 所示。塑件带有内螺纹，当注射机开模时，注射机开合丝杠 8 带动模具的螺纹型芯 1 旋转，以使塑件与螺纹型芯脱模。

6. 推出机构设置在定模的注射模

注射机的顶出机构设置在注射机的动模部分。为了设计方便，注射模的推出机构也应相应地设置在模具的动模部分，塑件就应设计为留在动模一侧。但有的塑件由于特殊要求和形状的限制，必须要留在定模一侧，这时就应在定模一侧设置推出机构。成型塑料衣刷的注射模如图 3-21 所示。由于衣刷形状的限制，直接浇口需设计在衣刷的背面，因此由于塑件包住型芯而留在定模一侧。在开模时，由于塑件对型芯 11 抱紧力较大，A 分型面先分型，塑件从成型镶块 3 上脱出而留在定模部分；当开模时动模向左移动一定距离后，螺钉 4 触到拉板 8 上，螺钉 4 带动拉板 8 向左移动，拉板 8 带动螺钉 6 继续向左移动，推出机构开始工作，B 分型面分型，塑件被从型芯 11 上脱出。

7. 热流道注射模

采用热流道注射模注射成型，模具浇注系统中的塑料始终保持熔融状态。开模后，只取塑件而不带流道凝料，这样就大大节约了塑料用料，提高了劳动生产率，有利于实现自动化生产，保证了塑件的质量。但热流道注射模结构复杂，要求严格控制温度，因此仅适用于大批量生产。热流道注射模如图 3-22 所示，其浇注系统一直在加热、保温，使得流道内的塑料始终保持熔融状态。

注射模的特点如下。

1）模具采用导柱、导套导向，可保证定、动模的相互位置。

2）模具采用一模多腔，一次可成型多个塑料制件。

3）模具结构简单，通用性强，适合批量生产。

3.2.2 压缩模结构和特点

压缩模是借助压力机的加压和对模具的加热，使直接放入模具型腔内的塑料熔融并固化而成型出所需制件的模具。压缩模主要用来成型热固性塑料制件。

典型压缩模的结构如图 3-23 所示。它大体由固定在压力机上滑块的上模部分和固定在压力机下工作台的下模部分组成。

压缩模主要由六部分组成。

1）型腔——直接成型塑件的模具部位，与加料腔一起起到盛料的作用，图 3-23 所示模具型腔由凸模 8、凹模 3、加料腔 4 等组成。

2）加料腔——由于压塑粉的体积较大，加料腔应比型腔深一些，供加料用。

3）导向机构——由四个导柱 6 和导套 9 组成，如图 3-23 所示，其是为了保证合模的准确性；有些为了保证推出机构的上下运动平稳，下模座板上设有两根导柱，在推板上带有导套组成推板的导向机构。

4）侧向抽芯与分型——成型具有侧向凸凹或孔的结构时，模具应设置各种侧向抽芯与分型机构，如图 3-23 所示侧型芯 20。

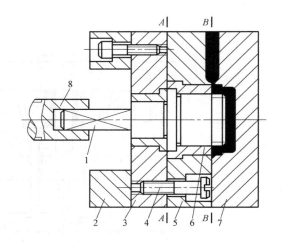

图 3-20 用于角式注射机的自动卸螺纹的注射模

1—螺纹型芯 2—垫板 3—支承板 4—定距螺钉 5—动模板 6—衬套 7—定模板 8—注射机开合丝杠

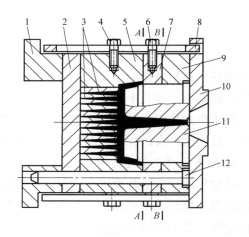

图 3-21 成型塑料衣刷的注射模

1—模脚 2—支承板 3—成型镶块 4、6—螺钉 5—动模板 7—推件板 8—拉板 9—定模板 10—定模座板 11—型芯 12—导柱

5）推出机构——压缩模必须设计塑件推出机构，图 3-23 所示推出机构由推板 17、推杆固定板 19 和推杆 11 等零件组成。

6）加热系统——热固性塑料压缩成型靠模具加热。模具的加热形式有电加热、蒸汽加热、煤气或天然气加热等，以电加热为常见，图 3-23 所示加热板 5、10 中开设的圆孔是供插入电热棒来加热模具的。

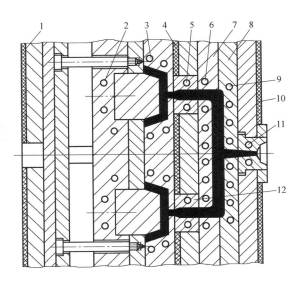

图 3-22 热流道注射模

1—动模绝热板 2、3—冷却管道 4—冷、热模绝热层 5、6、9—分流道加热器安装孔 7、8—热流道板
10—定模绝热板 11—主流道加热器安装孔 12—分流道镶块

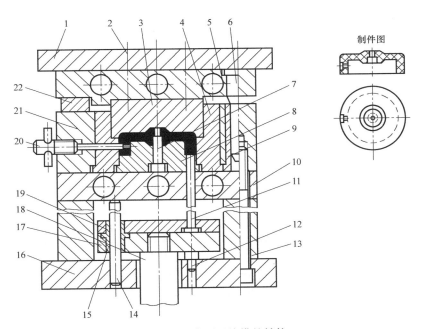

图 3-23 典型压缩模的结构

1—上模座板 2—螺钉 3—凹模 4—加料腔 5、10—加热板 6—导柱 7—型芯 8—凸模 9—导套
11—推杆 12—支承钉 13—垫块 14—推板导柱 15—推板导套 16—下模座板 17—推板
18—压力机顶杆 19—推杆固定板 20—侧型芯 21—凹模固定板 22—承压块

3.2.3 压注模结构和特点

压注模按模具在压力机上的固定形式分为移动式压注模和固定式压注模；按模具加料腔

的形式分为溢式压注模、不溢式压注模和半溢式压注模；按分型面的形式分为水平分型面压注模和垂直分型面压注模。

1. 移动式压注模

如图 3-24 所示，移动式压注模模具不固定在压力机上，成型后移出模具，用卸模工具（如卸模架）开模，取出塑件。这种模具结构简单、制造周期短，但因加料、开模、取件等工序均为手工操作，所以模具易磨损，劳动强度大，模具质量一般不宜超过 20kg。它适用于压制批量不大的中小型塑件，以及形状复杂、嵌件较多、加料困难并带有螺纹的塑件。

2. 固定式压注模

如图 3-25 所示，固定式压注模上下模都固定，开模、闭模、顶出等工序均在机内进行。开模时，A

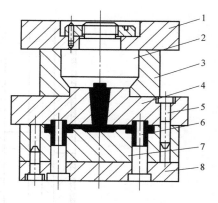

图 3-24　移动式压注模
1—上模板　2—柱塞　3—加料室
4—浇口板　5—导柱　6—型芯
7—凹模　8—型芯固定板

分型面先分型，以便取出主流道的凝料。当上模上升到一定高度时，拉杆 12 上的螺母迫使拉钩 14 转动，使之与下模部分脱开，接着定距杆 17 起作用，使 B 分型面分型，以便脱模机构将塑件和分流道的凝料从分型面脱出。合模时，复位杆 11 使脱模机构复位，拉钩 14 靠自重将下模部分锁住。这种模具生产率较高，操作简单，劳动强度小，开模振动小，模具寿命较长，但结构复杂，成本高，且不利于安放嵌件，故不便成型嵌件较多的制件。它适用于大批量、体积较大的塑件。

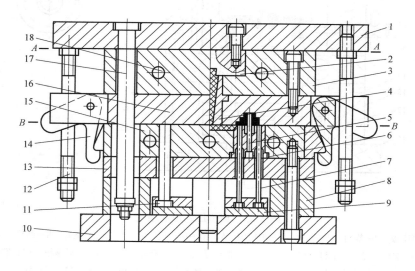

图 3-25　固定式压注模
1—上模座　2—压柱　3—加料腔　4—浇口套　5—型芯　6—型腔　7—推杆
8—垫块　9—推板　10—下模座　11—复位杆　12—拉杆　13—垫板　14—拉钩
15—固定板　16—上模板　17—定距杆　18—加热器安装孔

3.3 注射模的装配与试模

3.3.1 塑料模装配技术要求

塑料模装配的主要技术要求如下。

1）组成塑料模的所有零件，在材料、加工精度和热处理质量等方面均应符合相应图样的要求。

2）组成模架的零件应达到规定的加工要求，见表 3-4；装配成套的模架应活动自如，并达到规定的平行度和垂直度等要求，见表 3-5。

3）装配后的闭合高度、安装部分的配合尺寸必须达到要求。

4）模具的功能必须达到设计要求。

① 抽芯滑块和推顶机构的动作要正常。

② 加热和温度调节部分能正常工作。

③ 冷却水路畅通且无漏水现象。顶出形式、开模距离等均应符合设计要求及使用设备的技术条件，分型面配合严密。

5）为了鉴别塑料成型件的质量，装配好的模具必须在生产条件下（或用试模机）试模，并根据试模存在的问题进行修整，直至试出合格的成型件为止。

表 3-4 模架零件的加工要求

零件名称	加 工 要 求
动定模板	厚度平行度 300：0.02 以内 基准面垂直度 300：0.02 以内 导柱孔孔径公差 H7 导柱孔孔距公差±0.02mm 轴线对模板的垂直度 100：0.02 以内
导柱	精磨压入部分直径公差 k6 精磨滑动部分直径公差 f7 无弯曲变形，直线度 100：0.02 以内 淬火、回火后，导柱硬度达到 55HRC 以上
导套	外径磨削加工后，公差 k6 内径磨削加工后，公差 H7 内外径同轴度为 0.012mm 淬火、回火后，导套硬度达到 55HRC 以上

表 3-5 模架组装后的精度要求

项　目	要　求	项　目	要　求
浇口板上平面对底板下平面的平行度 导柱导套轴线对模板的垂直度	300：0.05 100：0.02	固定接合面间隙 分型面闭合时的贴合间隙	不允许有 <0.03mm

3.3.2 各类塑料模装配要点

各类塑料模装配要点见表 3-6。

表3-6　各类塑料模装配要点

模具类型	装配步骤	装配要点
热固性塑料压缩模	1. 修刮凹模	1）用全部加工完并经淬硬的压印冲头压印，锉修型腔凹模 2）精修型腔凹模配合面及各型腔表面到要求尺寸，并保证尺寸精度及表面质量要求 3）精修加料腔的配合面及斜度 4）按划线钻铰导钉孔 5）外形锐边倒圆角，并使凹模符合图样尺寸及技术要求 6）热处理淬硬、抛光研磨或电镀铬型腔工作表面
	2. 修整固定板孔	1）上固定板孔，用上型芯压印锉修；下固定板孔，用压印冲头压印锉修成型或按图样加工到尺寸 2）修制孔斜度及压入凸模的导向圆角
	3. 将型芯压入固定板	1）将上型芯压入上固定板，下型芯压入下固定板 2）保证型芯对固定板平面的垂直度
	4. 修磨	按型芯与固定板装配后的实际高度修磨凹模上、下平面，使上、下型芯相接触，并使上型芯与加料腔相接触
	5. 复钻并铰导钉孔	在固定板上复钻导钉孔，并用铰刀铰孔到尺寸
	6. 压入导钉	将导钉压入固定板
	7. 磨平固定板底平面	将装配后的固定板底面用平面磨床磨平
	8. 镀铬、抛光	拆下预装后的凹模、拼块、型芯，镀铬、抛光，使其达到 Ra 在 $0.20\mu m$ 以下
	9. 总装配	按图样要求，将各部件及凹模型芯重新装入，并装配各附件，使之装配完整
	10. 试压	用压力机试压，边压制边修整，直到试压出合格塑件为止
热固性塑料注射模	1. 同镗定模板和动模导柱、导套孔	1）将预先按划线加工好的定模座板及定模板装配好，钻导柱孔 2）采用辅助定位块，使动模与定模板合拢，在铣床上同镗导柱、导套孔，并锪台阶及沉坑
	2. 装配导柱及浇口套	清除导柱孔的毛刺，钳工修整各台肩尺寸。压入浇口套及导柱（导柱、导套压入最好两者配合进行，以保证导向精度）
	3. 装配型芯及导套	1）清除动模板导套孔毛刺，将导套压入动模板 2）在动模上划线，确定型芯安装位置，并钻各螺孔、销孔 3）装入型芯及销
	4. 装滑块	将滑块装入动模，并使其修配后滑动灵活、动作可靠、定位准确
	5. 修配定模板斜面	修配定模板的斜面与滑块，使其密切配合
	6. 装楔块	装配后的楔块与滑块密合
	7. 镗限位导柱孔及斜销孔	在定模座上用镗床镗到尺寸要求
	8. 安装斜销及限位导柱	将定模拼块套于限位导柱上进行装配
	9. 安装定位板及复位杆	复位杆孔及各螺孔，一般通过复钻加工
	10. 总装配	按图样要求，将各部件装配成整体结构
	11. 试模，修正推杆及复位杆	将装配好的模具在相应机床上试压，并检查制品质量和尺寸精度，边试边修整，并且根据制件出模情况修正推杆及复位杆的长短

（续）

模具类型	装配步骤	装配要点
热塑性塑料注射模	1. 修整定模	以定模为加工基准，将定模型腔按图样加工成型
	2. 修整卸料板的分型面	使卸料板与定模相配，并使其密合。分型面按定模配磨
	3. 同镗导柱、导套孔	将定模、卸料板和动模固定板叠合在一起，使分型面紧密配合接触，然后夹紧，同镗导柱、导套孔
	4. 加工定模与卸料板外形	将定模与卸料板叠合在一起，压入工艺定位销，用插床精加工其外形尺寸
	5. 加工卸料孔	用机械或电加工法，按图样加工卸料板孔
	6. 压入导柱、导套	在定模板、卸料板及动模固定板上，分别压入导柱、导套，并保证其配合精度
	7. 装配动模型芯	1）修配卸料板孔，并与动模固定板合拢，将型芯的螺孔涂抹红粉放入卸料板孔内，在动模固定板上复印出螺孔位置 2）取出型芯，在动模固定板上钻螺孔 3）将拉料杆装入型芯，并将卸料板、型芯、动模固定板装合在一起，调整位置后用螺钉紧固 4）划线同钻销孔，压入销
	8. 加工推杆孔及复位杆孔	采用各种配合，进行复钻加工
	9. 装配模脚及动模固定板	先按划线加工模脚螺孔、销孔，然后通过复钻加工动模固定板各相应孔
	10. 装配定模型芯	将定模型芯装入定模板中，并一起用平面磨床磨平
	11. 钻螺钉通孔及压入浇口套	1）在定模上钻螺钉通孔 2）将浇口套压入定模板
	12. 装配定模部分	将定模与定模座板夹紧，通过定模座板复钻定模销孔，位置合适后，打入销及螺钉，固紧
	13. 装配动模并修整推杆、复位杆	将动模部分按已装配好的定模进行装配，并修整推杆、复位杆
	14. 试模	通过试模来验证模具的质量，并进行必要的修整

3.3.3 注射模试模

1）试模前，必须对设备的油路、水路以及电路进行检查，并按规定保养设备，做好开机前的准备。

2）根据推荐的工艺参数将机筒和喷嘴加热。由于制件大小、形状和壁厚不同，设备上热电偶位置的深度和温度表的误差也各有差异，因此资料上介绍的加工某一塑料的机筒和喷嘴温度只是一个大致范围，还应根据具体条件试调。判断机筒和喷嘴温度是否合适的最好办法，是在喷嘴和主流道脱开的情况下，用较低的注射压力使塑料自喷嘴中缓慢地流出，以观察料流。如果没有硬块、气泡、银丝、变色，而是光滑明亮，即说明机筒和喷嘴温度是比较合适的，这时就可开始试模。

3）在开始试模时，原则上选择在低压、低温和较长的时间条件下成型，然后按压力、时间、温度的先后顺序变动。最好不要同时变动两个或三个工艺条件，以便分析和判断情况。压力变化的影响，马上就可从制件上反映出来，所以如果制件充不满，通常首先是增加注射压力。当大幅度提高注射压力仍无显著效果时，才考虑变动时间和温度。延长时间实质上是使塑料在机筒内受热时间加长，注射几次后若仍然未充满，最后才提高机筒温度。但机筒温度的上升以及塑料温度达到平衡需要一定的时间，一般约 15min 左右，不是马上就可以从制件上反映出来，因此必须耐心等待，不能一下子把机筒温度升得太高，以免塑料过热而发生降解。

4）注射成型时可选用高速和低速两种工艺。一般在制件壁薄而面积大时采用高速注射，而壁厚面积小者采用低速注射。在高速和低速都能充满型腔的情况下，除玻璃纤维增强塑料外，均宜采用低速注射。

5）对黏度高和热稳定性差的塑料，采用较慢的螺杆转速和略低的背压加料和预塑，而黏度低和热稳定性好的塑料可采用较快的螺杆转速和略高的背压。在喷嘴温度合适的情况下，采用喷嘴固定的形式可提高生产率。但当喷嘴温度太低或太高时，需要采用每成型周期向后移动喷嘴的形式（喷嘴温度低时，由于后加料时喷嘴离开模具，减少了散热，故可使喷嘴温度升高；而喷嘴温度太高时，后加料时可挤出一些过热的塑料）。

在试模过程中应进行详细记录，并将结果填入试模记录卡，注明模具是否合格。如需返修，则应提出返修意见。在记录卡中应摘录成型工艺条件及操作注意要点，最好能附上加工出的制件，以供参考。

试模后，将模具清理干净，涂上防锈油，然后分别入库或返修。

试模过程中易产生的缺陷及原因见表 3-7。

表 3-7　试模过程中易产生的缺陷及原因

缺陷 原因	制件不足	溢边	凹痕	银丝	熔接痕	气泡	裂纹	翘曲变形
机筒温度太高		√	√	√		√		√
机筒温度太低	√				√		√	
注射压力太高		√					√	√
注射压力太低	√		√		√	√		
模具温度太高			√					√
模具温度太低	√		√		√	√	√	
注射速度太慢	√							
注射时间太长				√	√		√	
注射时间太短	√		√					
成型周期太长		√						
加料太多		√						
加料太少	√		√					
原料含水分过多			√					
分流道或铸口太小	√			√	√			
模穴排气不好	√			√		√		
制件太薄	√							
制件太厚或变化大			√					√
成型机能力不足	√		√	√				
成型机锁模力不足		√						

注：√表示所存在的缺陷。

3.4　常用塑料模具材料

由于塑料制件形状复杂、表面质量要求高，因而塑料模具的制造难度较大。正确合理地选用模具材料，对模具的制造和使用都具有重要意义。

3.4.1 塑料模常用材料及热处理要求

注射模具材料选用见表3-8，常用塑料模具零件材料与热处理方法见表3-9。

表3-8 注射模具材料选用

塑料预制件	型腔注射次数/次	选用材料	塑料预制件	型腔注射次数/次	选用材料
PP、HDPE等一般塑件	10万左右 20万左右 30万左右 50万左右	50钢、55钢正火 50钢、55钢调质 P20 SM1、5NISCa	精密塑件	20万次以上	PMS、SM1、5NISCa
			玻璃纤维增强塑料	10万左右	PMS
				20万左右	SMP225CrNi3MoAl氮化、H13氮化
			PC、PMMA、PS透明塑料		PMS、SM2
工程塑料	10万左右	P20	PVC和阻燃塑料		PCR

表3-9 常用塑料模具零件材料与热处理方法

模具零件	使用要求	模具材料	热处理		说明
导柱、导套	表面耐磨、有韧性、抗弯曲、不易折断	20钢、20Mn2B	渗碳淬火	≥55HRC	用于导柱、导套
		T8A、T10A	表面淬火	≥55HRC	
		45钢	调质、表面淬火，低温回火	≥55HRC	
		黄铜H62、青铜合金			用于导套
成型零件	强度高、耐磨性好、热处理变形小、有时还要求耐蚀	9Mn2V、9CrSi、CrWMn、CrW	淬火、中温回火	≥55HRC	用于生产批量大，强度、耐磨性要求高的模具
		4Cr5MoSiV、Cr6WV	淬火、中温回火	≥55HRC	用于生产批量大，强度、耐磨性要求高的模具，热处理变形小，抛光性能较好
		5CrMnMo、3CrW8V、5CrNiMo	淬火、低温回火	≥46HRC	用于成型温度高、成型压力大的模具
		T8、T8A、T10、T12、T12A	淬火、低温回火	≥55HRC	用于制件形状简单、尺寸不大的模具
		38CrMoALA	调质、氮化	≥55HRC	用于耐磨性要求高并能防止热咬合的活动成型零件
		45、50、55、40Cr、42CrMo、35CrMo、40MnB、40MnVB	调质、淬火（或表面淬火）	≥55HRC	用于制件批量生产的热塑性塑料成型模具
		10、15、20、12CrNi2、12CrNi3、12CrNi4、20Cr、20CrMnTi、20CrNi4	渗碳淬火	≥55HRC	容易切削加工或采用塑料加工方法制作小型模具的成型零部件

（续）

模具零件	使用要求	模具材料	热处理		说　明
成型零件	强度高、耐磨性好、热处理变形小、有时还要求耐蚀	铍铜			导热性优良、耐磨性好、可铸造成形
		锌基合金、铝合金			用于制品试制或中小批量生产中的模具成型零部件，可铸造成形
		球墨铸铁	正火或退火	正火≥200HBW 退火≥200HBW	用于大型模具
主流道衬套	耐磨性好，有时要求耐蚀	45、50、55 以及可用于成型零件的其他模具材料	表面淬火	≥55HRC	
顶杆、拉料杆等	一定的强度和耐磨性	T8、T8A、T10、T10A	淬火、低温回火	≥55HRC	
		45、50、55	淬火	≥55HRC	
各种模板、推板、固定板、模座等	一定的强度和刚度	45、50、40Cr、40MnB、40MnVB、45Mn2	调质	≥200HBW	
		结构钢 Q235、Q275			
		球墨铸铁			用于大型模具
		HT200			仅用于模座

3.4.2　塑料模材料的选用原则

1. 根据塑料制品种类和质量要求选用

1）对于型腔，表面要求耐磨性好，心部要求韧性好，但形状并不复杂的塑料注射模，可选用低碳结构钢和低碳合金结构钢。

2）对于聚氯乙烯或氟塑料及阻燃的 ABS 塑料制件，所用模具钢必须有较好的耐蚀性。

3）对于生产以玻璃纤维做填充剂的热塑性制件的注射模或热固性塑料制件的压缩模，要求模具具有高硬度、高耐磨性、高抗压强度和较高韧性，防止塑料把模具型腔面过早磨毛或因模具受高压而局部变形。

4）制造透明塑料的模具，要求模具钢材有良好的镜面抛光性能和高耐磨性，一般采用时效硬化型模具钢制造。

2. 根据塑件生产批量选用

选用模具钢材品种与塑件生产批量大小有关。塑件生产批量小，对模具的耐磨性及使用寿命要求不高。为了降低模具造价，不必选用高级优质模具钢，选用普通模具钢即可满足使用要求。

3. 根据塑件的尺寸大小及精度要求选用

对于大型高精度的注射成型模具，当塑件生产批量大时，采用预硬化钢。

4. 根据塑件形状的复杂程度选用

对于复杂型腔的塑料注射成型模，为减少模具热处理后产生的变形和裂纹，应选用可加工性好和热处理变形小的模具材料。

思考与练习

1. 塑料按其受热后所表现的性能不同，可分为_____塑料和_____塑料两大类。

2. _____是指注射机的合模装置对模具所能施加的最大夹紧力。

3. 注射机主要由_____、_____、_____三部分组成。

4. 塑料在一定的温度与压力下充满模具型腔的能力称为_____。

5. _____是指从熔融状态的塑料变为固态制件时的速度。

6. 对于中、小塑件，模具的成型零件成型收缩率波动而引起的塑件尺寸误差要求控制在塑件尺寸公差的_____以内。

7. 压注模按模具在压力机上的固定形式分为_____压注模和_____压注模。

8. 简述注射模塑件成型过程。

9. 简述压塑模塑件成型过程。

10. 简述注射模模具特点。

11. 简述注射模试模前需做的准备工作。

1. 了解压铸机的组成和分类。
2. 能识读常用压铸机的型号。
3. 掌握压铸工艺。
4. 掌握压铸模的基本结构。
5. 了解压铸模的装配与试模方法。
6. 掌握模锻成形设备的分类、组成及工作原理。
7. 了解模锻工艺。
8. 了解锻模的组成、结构和特点。
9. 了解粉末冶金材料的特点、制件种类和成形过程。
10. 了解粉末冶金工艺。
11. 了解粉末冶金模具的结构特点。

 学习内容

合金压铸又称为压力铸造，是使熔融合金在高压、高速条件下充填型腔，并在高压下冷却凝固成形的一种精密铸造方法。用压铸成形获得的制件称为压铸件，简称为铸件。合金压铸使用的模具称为压铸模。

由于压铸时熔融合金在高压、高速下充填，冷却速度快，因此有以下优点。

1）压铸件的尺寸精度和表面质量高。

2）压铸件组织细密，硬度和强度高。

3）可以成形薄壁、形状复杂的压铸件。

4）生产率高，易实现机械化和自动化。

5）可采用镶铸法简化装配和制造工艺。

尽管压铸有以上优点，但也存在一些缺点：压铸件易出现气孔和缩松；压铸合金的种类受到限制；压铸模和压铸机成本高、投资大，不宜小批量生产等。

4.1 金属压铸工艺与压铸模结构

4.1.1 常用压铸成形设备

压铸机是压铸生产的专用设备，压铸过程只有通过压铸机才能实现。

1. 压铸机的组成

压铸机主要由合模机构、压射机构、液压及电器控制系统、基座等部分组成，如图4-1

所示。

（1）合模机构　开、合模及锁模机构统称为合模机构，其作用是实现压铸模的开、合动作，并保证在压射过程中模具可靠地锁紧，开模时推出压铸件。

（2）压射机构　压射机构是将熔融合金推进模具型腔填充成形为压铸件的机构，是实现压铸工艺的关键部分。

（3）液压及电器控制系统　它的作用是保证压铸机按预定工艺过程要求及动作顺序，准确有效地工作。

（4）基座　支撑压铸机以上各部分的部件，是压铸机的基础部件。

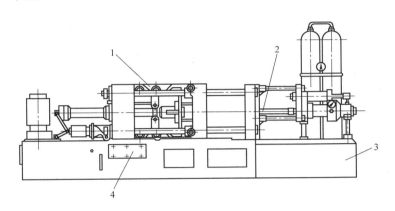

图 4-1　压铸机组成图

1—合模机构　2—压射机构　3—基座　4—液压及电器控制系统

2. 压铸机的分类

压铸机的分类见表 4-1。

表 4-1　压铸机的分类

分　类　特　征	基本结构方式
压室浇注方式	1）冷室压铸机（包括冷室位于模具分型面的） 2）热室压铸机（活塞式和气压式）
压室的结构和布置方式	1）卧式压室压铸机 2）立式压室压铸机
总体结构	1）卧式合模压铸机 2）立式合模压铸机
功率（机器锁模力）	1）小型压铸机（热室<630kN，冷室<2500kN） 2）中型压铸机（热室 630~4000kN，冷室 2500~6300kN） 3）大型压铸机（热室>4000kN，冷室>6300kN）
通用程度	1）通用压铸机 2）专用压铸机
自动化程度	1）半自动压铸机 2）全自动压铸机

3. 压铸机的型号和主要技术参数

（1）压铸机的型号　目前，国产压铸机已经标准化，其型号主要反映压铸机类型和锁模力大小等基本参数。例如：J1113C 中各符号意义如下：

J——类别号（机械类压力机）；

1——列别代号；

1——组别代号；

13——主要参数，锁模力为 1250kN；

C——结构性能改进设计序号。

在国产压铸机型号中，普遍采用的主要有 J213B、J1113C、J113A、J16D、J163 等型号。

（2）压铸机的主要技术参数　压铸机的主要技术参数已经标准化，在产品说明书上均可查到。主要技术参数有锁模力、压射力、压室直径、压射比压、压射位置、压室内合金的最大容量、开模行程及模具安装用螺孔位置尺寸等。

4. 压铸机的选用

实际生产中应根据产品的要求和具体情况选择压铸机，一般从以下两个方面进行考虑。

（1）按生产规模及压铸件品种选择压铸机　在组织多品种、小批量生产时，一般选用液压系统简单、适应性强和能快速调整的压铸机；在组织少品种、大批量生产时，则应选用配备各种机械化和自动化控制机构的高效率压铸机；对单一品种大量生产时，可选用专用压铸机。

（2）按压铸件的结构和工艺参数选择压铸机　压铸件的外形尺寸、质量、壁厚以及工艺参数对压铸机的选用有重大影响，一般应遵循以下原则。

1）压铸机的锁模力应大于胀形力在合模方向上的合力。

2）每次浇入压室中熔融合金的质量不应超过压铸机压室的额定容量。

3）压铸机的开、合模距离应能保证压铸件在合模方向上能获得所需尺寸，并在开模后能顺利地从压铸模上取出压铸件和浇注系统凝料。

4）压铸机的模板尺寸应能满足压铸模的正确安装。

4.1.2　压铸工艺

1. 压铸件的结构工艺性

（1）结构形状　压铸件的结构形状应力求简单，以简化模具结构。其中尤其要注意消除无法或难以进行侧向抽芯的内部侧凹，避免侧向型芯和固定型芯相互交叉，尽量减少需要侧向抽芯的部位。

（2）壁厚　压铸件壁厚过薄会在压铸成形时造成熔接不良、填充不良、表面缺陷增多等不足，而过厚又会产生内部气孔、缩孔和冷金属堆聚等缺陷。压铸件的最小壁厚与合金种类、压铸件结构和大小、压铸工艺条件等因素有关。表 4-2 列出了一般工艺条件下压铸件最

表 4-2　一般工艺条件下压铸件最小壁厚推荐值　　　　　　　（单位：mm）

压铸件面积 /mm²	锌合金	铝合金和镁合金	铜合金	压铸件面积 /mm²	锌合金	铝合金和镁合金	铜合金
<2500	0.7~1.0	0.8~1.2	1.5~2.0	10000~40000	1.6~2.0	1.8~2.5	2.5~3.0
2500~10000	1.0~1.6	1.2~1.8	2.0~2.5	>40000	2.0~2.5	2.5~3.0	3.0~3.5

小壁厚的推荐值。压铸件在工艺上的最大壁厚目前尚无明确规定，一般对中小型压铸件以不大于5mm为宜。压铸件上的壁厚应厚薄均匀，否则会因合金液凝固速率不同而产生收缩变形。

（3）起模斜度　适宜的起模斜度不仅便于压铸件起模，而且有利于延长模具寿命，防止压铸件表面拉伤。压铸件有配合要求的外表面的最小起模斜度可按合金材料选取：锌合金为10′；铝合金和镁合金为15′；铜合金为30′。内表面的最小起模斜度应比外表面增加一倍，结构允许时或非配合表面的起模斜度应适当增加。

（4）圆角　压铸件上除分型面部位之外的转角都应设计成圆角，以便合金液流动成形，减少涡流，同时又能避免压铸件在尖角处产生应力集中而开裂。锌合金、铝合金、镁合金压铸件的最小圆角半径取$R = 1$mm，铜合金取$R = 2$mm。结构允许时，压铸件圆角半径可按下式计算，即

$$R = \frac{1}{4} \sim \frac{1}{3}(t_1 + t_2)$$

式中　R——转角内壁圆角半径（mm）；

t_1、t_2——转角两侧的壁厚（mm）。

（5）孔　压铸件上的孔径不宜过小，并且孔深与孔径的比不能太大，这是因为细而长的型芯在合金液充填时的冲击力或冷却时的包紧力作用下会弯曲或折断。最小孔径、孔深与孔径的最大比值见表4-3。

表4-3　最小孔径、孔深与孔径的最大比值

合金种类	最小孔径/mm	孔深与孔径之比			
		通孔		不通孔	
		孔径<5mm	孔径>5mm	孔径<5mm	孔径>5mm
锌合金	1	8	8	4	4
铝合金	2.5	5	7	3	4
镁合金	2	6	8	3	4
铜合金	3	4	6	2	3

压铸件的长方形孔和槽也应控制其最小宽度和最大深度。

（6）图案及文字标志　压铸件上的图案、文字应凸出压铸件表面0.3~0.5mm，线条宽度应大于凸出高度的1.5倍，线条间最小距离为0.3mm，起模斜度为10°~15°。文字一般不应小于5号字体。

（7）螺纹和齿轮　压铸件上的内螺纹一般仅铸出底孔，压铸后用机械加工方法加工出螺纹，对于锌合金件上大于或等于10mm的内螺纹，铝合金、镁合金件上大于或等于16mm的内螺纹，也可以直接铸出。压铸外螺纹时最好留有0.2~0.3mm的机械加工余量，外螺纹直径一般不宜小于6mm，采用螺纹型环成形时不宜小于12mm。螺纹的最小螺距：锌合金件为0.75mm；镁合金、铝合金件为1mm；铜合金件为1.5mm。

压铸齿轮的最小模数：锌合金件为0.3mm；铝合金、镁合金件为0.5mm；铜合金件为1.5mm。精度要求高的齿轮应在齿面留有0.2~0.3mm的机械加工余量。

（8）嵌件　压铸件上也可以镶嵌入嵌件，但应注意：嵌件上被合金包紧部分不允许有

尖角；应采用滚花、割槽、压扁等方式使其嵌在压铸件上；嵌件结构应有利于其在模具中的固定；嵌件周围应有足够壁厚的合金。

2. 尺寸精度

压铸件上的自由公差按 IT14 取值，要求较高的尺寸可取 IT13~IT11。在较高的工艺技术条件下，铝合金、镁合金压铸件的尺寸公差等级可达 IT10，锌合金压铸件的尺寸公差等级为 IT9~IT8。

3. 机械加工余量

压铸件的表层材料质地致密，内部组织比较疏松，因而在压铸后应尽量避免再进行机械加工。部分表面达不到要求而需机械加工时，应尽可能取较小的加工余量。一般表面的机械加工余量应控制在 0.3~0.5mm，最大不宜超过 0.8~1.2mm。铰孔的余量常取 0.15~0.25mm。

4. 工艺参数

压铸生产中影响熔融合金充型的主要工艺参数是压力、速度、温度和时间等，只有对这些工艺参数进行正确选择和调整，才能保证在其他条件良好的情况下，生产出合格的压铸件。

（1）压力

1）压射力。压铸机压射缸内的工作液作用于压射冲头使其推动熔融合金充填模具型腔的力，称为压射力，其反映压铸机的功率大小。压射力的计算式为

$$F = \frac{P'\pi d^2}{4}$$

式中　　F——压射力（N）；

　　　　P'——压射缸内工作液的压力（MPa）；

　　　　d——压射冲头直径（mm）。

2）压射比压。压射比压指压射冲头作用于熔融合金单位面积上的压力，其计算式为

$$P = \frac{F}{A} = \frac{4F}{\pi d^2}$$

式中　　P——压射比压（MPa）；

　　　　A——压射冲头截面积（mm^2）；

　　　　F——压射力（N）；

　　　　d——压射冲头直径（mm）。

通常把填充阶段的比压称为填充比压，充型结束时的比压称为压射比压。选择比压时，应根据压铸件的强度、致密性和壁厚等确定。一般压铸件要求强度越高、致密性越好，比压就越大。对薄壁压铸件因充型困难，填充比压就要大些；对厚壁压铸件因凝固时间长，故填充比压可小些，但压射比压要大。值得注意的是，由于比压过高会使模具受到熔融合金的强烈冲刷，增加黏模的可能性，降低模具寿命，且模具易胀开。因此，一般在保证压铸件成形和使用要求的前提下，应选用较低的比压（一般比压为 30~90MPa）。调整压射力和压射冲头直径可调节比压大小。

3）胀形力。由于压射比压的作用，使正在凝固的熔融合金将压射比压传递给型腔壁面的压力，称为胀形力，其计算式为

$$F_Z = PA$$

式中　F_Z——胀形力（N）；

　　　P——压射比压（MPa）；

　　　A——压铸件、浇口和排溢系统在分型面上的投影面积总和（mm^2）。

（2）速度

1）压射速度。它是指压室内压射冲头推动金属液的移动速度，分为高速和低速两个阶段。通过压铸机压射速度调节阀可实现无级调速。一般压射速度为 0.3～5m/s。

2）充填速度。它是指熔融合金在压射冲头作用下通过内浇口进入型腔时的线速度，也称为内浇口速度。充填速度偏低，会使铸件轮廓不清晰，甚至不能成形；充填速度偏高，会使压铸件质量和模具寿命降低。选择充填速度时，应根据压铸件大小、复杂程度、合金种类来确定。对壁厚或内部质量要求较高的压铸件，应选择较低的充填速度和较高的压射比压；对于薄壁、形状复杂或表面质量要求较高的压铸件，应选择较高的充填速度和较高的压射比压。一般充填速度为 10～35m/s。调整充填速度的主要方法是调整压射速度、改变比压和调整内浇口的截面积。

（3）温度

1）浇注温度。它是指熔融合金自压室进入型腔时的平均温度，通常用保温炉内的熔融合金温度表示。浇注温度过高，合金收缩大，压铸件易产生变形和裂纹且易黏模；浇注温度过低，充型困难，压铸件易产生冷隔、表面流纹和浇注不足等缺陷。

选择各种合金的浇注温度要根据压铸件壁厚和复杂程度来确定。对结构复杂、薄壁的压铸件，应选择较高的浇注温度，一般为 700～970℃；对结构简单、厚壁的压铸件，应选择较低的浇注温度，一般为 690～920℃。

2）模具温度。它是指模具的工作温度。压铸模在压铸前要预热到一定的温度。预热的作用如下。

① 避免熔融合金因激冷而充型困难或产生冷隔或因线收缩加大而使压铸件开裂。

② 避免模具因激热而胀裂。

③ 调整模具滑动配合间隙，以防合金液穿入。

④ 降低型腔中的气体密度，有利于排气。

压铸模的预热，一般可采用煤气喷烧、喷灯、电热器和感应加热。

在连续生产中，压铸模的温度往往会不断升高。模具温度过高，易产生粘模，导致压铸件推出变形，模具局部卡死甚至损坏。因此，当压铸模温度过高时，应采用冷却措施控制其温度。通常用压缩空气或水冷却。模具工作温度按下列经验公式计算，即

$$t_m = \frac{1}{3} t_j \pm 25℃$$

式中　t_m——模具工作温度（℃）；

　　　t_j——合金浇注温度（℃）。

（4）时间

1）充填时间。它是指熔融合金自开始进入模具型腔到充满型腔所需的时间。充填时间的长短取决于铸件体积和复杂程度。体积大而形状简单的铸件，充填时间应长些；体积小而形状复杂的铸件，充填时间应短些。如只要求压铸件表面粗糙度值低，则应快速填充；如只要求卷入压铸件内的气体少，则应慢速填充。不论合金的种类和压铸件的形状如何，填充时

间都很短。

2）保压时间。它是指熔融合金从充满型腔到内浇口完全凝固之前，冲头压力所持续的时间。保压时间的作用一方面是加强补缩，另一方面可使组织更致密。

保压时间的长短取决于压铸件的材质和壁厚。对于熔点高、结晶温度范围大的厚壁压铸件，保压时间应长些；而对熔点低、结晶温度范围小的薄壁压铸件，保压时间可以短些，一般为1~2s。对结晶温度范围大的厚壁压铸件，保压时间为2~3s。

3）留模时间。它是指保压时间终了到开模推出铸件的时间。留模时间以推出压铸件不变形、不开裂的最短时间为宜。一般合金收缩率大、强度高、压铸件壁薄、模具热容量大、散热快，留模时间应短些，一般为5~15s；反之应长些，一般为20~30s。

5. 涂料

压铸过程中，对模具型腔与型芯表面、滑动块、推出元件、压铸机的冲头和压室等所喷涂的滑润材料和稀释剂的混合物，统称为压铸涂料。

（1）涂料的作用

1）改善模具工作条件。涂料可避免熔融合金直接冲刷型腔和型芯表面。

2）改善成形条件，降低模具热导率，保持合金的流动性。

3）提高压铸件质量，延长模具寿命，减少压铸件与模具成形部分的摩擦，并防止黏模（对铝合金而言）。

但值得提出的是，涂料使用不当会导致压铸件产生气孔和夹渣等缺陷。

（2）涂料的种类　压铸涂料的种类很多，常用的涂料和配方有：胶体石墨（油剂）、天然蜂蜡、氟化钠（3%~5%）和水（97%~95%）、石墨（5%~10%）和全损耗系统用油（95%~90%）、锭子油（30#、50#）、聚乙烯（3%~5%）和煤油（97%~95%）、黄血盐等。

（3）涂料的使用要求

1）用量要适当，避免厚薄不均或过厚。

2）合模浇注前，必须挥发掉涂料中的稀释剂。

3）避免涂料堵塞排气槽。

4）在型腔转折、凹角部位不应有涂料沉积。

4.1.3　压铸模组成

压铸模主要由八个部分组成。

（1）成形工作零件　成形工作零件由镶块、型芯、嵌件组成，装在动、定模上。模具在合模后，构成压铸件的成形空腔，通常称为型腔，是决定压铸件几何形状和尺寸公差等级的工作零件。

（2）浇注系统　浇注系统是连接模具型腔与压铸机压室的部分，即熔融金属进入型腔的通道，包括直浇道、横浇道和内浇道。该系统在动模和定模合拢后形成，对充填和压铸工艺十分重要。

（3）排溢系统　排溢系统是溢流以及排除压室、浇道和型腔中气体的沟槽。该系统一般包括排气道和溢流槽，而溢流槽又是储存冷金属和涂料余烬的处所，一般设在模具的成形镶块上。

（4）抽芯机构　在取出铸件时受型芯或型腔的阻碍，必须把这些型芯或型腔制成活动的，并在取出铸件前将这些活动的型芯或型腔活块抽出，才能顺利取出铸件。带动这些活动型芯或型腔活块抽出与复位的机构称为抽芯机构。

（5）推出机构 推出机构是将铸件从模具中推出的机构。它由推出元件（推管、推杆、推板）、复位杆、推杆固定板、导向零件等组成，在开、合模的过程中完成推出和复位动作。

（6）导向机构 它是引导定模和动模在开模与合模时可靠地按照一定方向进行运动的导向部分，一般由导套、导柱组成。

（7）支撑与固定零件 它包括各种套板、座板、支撑板和垫块等构架零件，其作用是将模具各部分按一定的规律和位置加以组合和固定，并使模具能够安装到压铸机上。

（8）加热与冷却系统 由于压铸件的形状、结构和质量上的需要，在模具上常设有冷却和加热装置。

4.1.4 压铸模结构和特点

如图4-2所示，压铸模由导柱、导套导向，定模、动模分别镶嵌在定模套板及动模套板内。卸料部分由推杆24、26、29，推板33和推板固定板34构成，起开模、推出塑件作用。

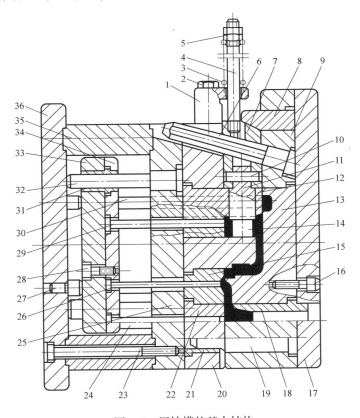

图4-2 压铸模的基本结构

1—限位块 2—螺钉 3—弹簧 4—螺栓 5—螺母 6—斜销 7—滑块 8—楔紧块
9—定模套板 10—销 11—活动型芯 12、15—动模镶块 13—定模镶块 14—型芯
16、28—螺钉 17—定模座板 18—浇口套 19—导柱 20—动模套板 21—导套
22—浇道镶块 23—螺钉 24、26、29—推杆 25—支承板 27—限位钉 30—复位杆
31—推板导套 32—推板导柱 33—推板 34—推板固定板 35—垫板 36—活动模座

压铸模在工作时，首先使定、动模处于闭合位置。用料勺将熔化的合金倒进浇口套内，

开动压铸机，液态合金在活塞推动下，以很高的速度被推进模具定、动模组成的型腔内，冷却后成形。开动压铸机，动模部分移动分模，而卸料部分不动，使成形的制件推出动模，在推杆作用下卸出模外。

模具特点：结构简单、动作可靠，一次可出多个制件。

4.2 金属锻造工艺与锻模结构

锻造是借助锻锤、压力机等设备或工、模具对坯料施加压力，使其产生塑性变形，获得所需形状、尺寸和一定组织性能的锻件的加工方法。采用锻模生产的锻件，可减少金属机械加工余量，从而提高材料的利用率，缩短制造周期。它操作容易，成本低，效率高，有较好的经济效益。常见的产品有发电机组转子、曲轴、连杆、齿轮等。

锻造按成形方法不同分为自由锻和模锻。自由锻是利用冲击力或压力使金属在上下两个砧铁（砧块）间产生变形以获得所需锻件，主要有手工锻造和机械锻造两种。自由锻的特点是金属在高度上受到压缩而在水平方向上可以自由延伸和展宽。自由锻适于小批生产形状简单的大件锻件。在锻压生产中，将金属毛坯加热到一定温度后放在模腔内，利用锻锤压力使其发生塑性变形，充满模腔后形成与模腔相仿的制件，这种锻造方法称为模型锻造，简称为模锻。模锻又分为开式模锻和闭式模锻。金属坯料在具有一定形状的锻模腔内受压变形而获得锻件，又可分为冷镦、辊锻、径向锻造和挤压等。模锻适于生产形状复杂的锻件，并可以大批量生产。模锻是成批或大批量生产锻件的锻造方法，其特点是在锻压设备动力作用下，坯料在锻模模腔内被迫产生塑性流动成形，得到比自由锻件质量更高的锻件。经模锻的工件，可获得良好的纤维组织，并且可以保证IT7～IT9级公差等级，有利于实现专业化和机械化生产。锻造按变形温度不同又可分为热锻（锻造温度高于坯料金属的再结晶温度）、温锻（锻造温度低于金属的再结晶温度）和冷锻（常温）。钢的再结晶温度约为460℃，但普遍采用800℃作为划分线，高于800℃的是热锻；300～800℃称为温锻或半热锻。

4.2.1 常用锻造设备

1. 锻造设备的分类

模锻生产中使用的锻压设备按其工作特性可以分为五大类，即锤类、螺旋压力机类、曲柄压力机类、轧锻压力机类和液压机类。表4-4列出了模锻成形设备的分类及用途特点。

表4-4 模锻成形设备的分类及用途特点

类别	分类及名称		主要工艺用途或模锻工艺特点
锤类	模锻锤	有模砧锻座锤 蒸汽-空气模锻锤（简称模锻锤）	双作用锤，用于多型槽多击模锻。
		落锤（如夹板模锻锤）	单作用锤，用于多型槽多击模锻，还可以用于冷校正
		无砧座蒸汽-空气模锻锤（简称无砧座锤）	主要用于单型槽多击模锻
	高速锤		主要用于单型槽单击闭式模锻
螺旋压力机类	摩擦螺旋压力机		主要用于单型槽多击模锻以及冷热校正等
	液压螺旋锤		用于单型槽多击模锻

（续）

类别	分类及名称		主要工艺用途或模锻工艺特点
曲柄压力机类	热模锻曲柄压力机	楔形工作台式	用于3~4型槽的单击模锻,终锻应位于压力中心区
		楔式传动	用于3~4型槽的单击模锻,型槽可按工序顺序排列
	平锻机	垂直分模	用于3~6工步多型槽单击模锻,主要变形方式为局部镦粗和冲孔成形,多采用闭式模锻
		水平分模	
	径向旋转锻造机		专用于轴类锻件
	精压机		用于平面或曲面冷精压
	切边压机		用于模锻后切边、冷冲孔和冷剪切下料
	普通单点臂式压机		用于冷切边、冷冲孔和冷剪切下料
	型剪机		用于冷、热剪切下料
轧锻压力机类	纵向轧机	辊锻机	用于模锻前的制坯和辊锻
		扩孔机	专用于环形锻件的扩孔
		四辊螺旋纵向轧机	专用于麻花钻头的生产
	横向轧机	二辊或三辊螺旋横轧机	专用于热轧齿轮和滚柱、滚珠以及轴承环轧制
		三辊仿形横轧机	用于圆变断面轴杆零件或坯料的轧制
液压机类	模锻水压机	单向模锻水压机	用于单型槽模锻
		多向模锻水压机	用于单型槽多个分型面的多向镦粗、挤压和冲孔模锻
	油压机		可用于校正、切边和液态模锻等

2. 典型锻造设备的组成及工作原理

利用压力为 $(7~9)×10^5Pa$ 的蒸汽或压力为 $(6~8)×10^5Pa$ 的压缩空气为动力的锻锤称为蒸汽-空气锻锤。它是目前普通锻造车间常用的锻造设备。蒸汽-空气锻锤按用途不同分为自由锻锤和模锻锤两种;按机架形式可分为单柱式、拱式和桥式三种,如图4-3所示。

与空气锤一样,蒸汽-空气锻锤的工作能力以落下部分的质量表示,一般为 500 ~ 5000kg。5000kg 以上的锻锤由锻造液压机代替,500kg 以下的锻锤以空气锤工作。

目前,最大的蒸汽-空气模锻锤的落下部分质量可达 35000kg。我国生产的蒸汽-空气自由锻锤有 1000kg、2000kg、3000kg、5000kg 四种规格。

1) 蒸汽-空气模锻锤的组成。模锻锤是在蒸汽-空气自由锻锤的基础上发展而成的。由于多模膛锻造,常承受较大的偏心载荷和打击力,所以为了能满足模锻工艺的要求,模锻锤必须有足够的刚性。为了能提高打击效率和消除振动,采用是其落下部分质量 20~30 倍的砧座。因此,模锻锤在总体结构、操纵系统等方面与自由锻锤相比有较大区别。

如图 4-4 所示,蒸汽-空气模锻锤由气缸(带滑阀和节气阀)、运动部分(活塞、锤杆、锤头和上模)、立柱、导轨、砧座和操纵机构等部分组成。

① 锤身部分。两侧立柱直接安装在砧座上,立柱上部与气缸垫板和气缸用 8 个带弹簧的螺栓连接,形成一个封闭的刚性机架。

在立柱内侧装有导轨。为提高锤头的导向精度和抗偏载能力,保持锤头在导轨内运动,设有长而坚固的可调导轨。气缸垫板装配在立柱和气缸之间,不但可以增加锤身的总体刚度,又能减少立柱对气缸的冲击磨损。

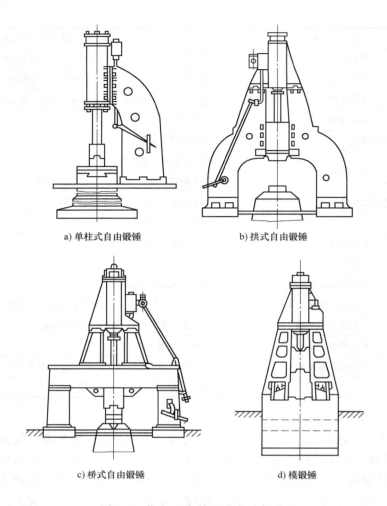

a) 单柱式自由锻锤　　　　　　　　b) 拱式自由锻锤

c) 桥式自由锻锤　　　　　　　　d) 模锻锤

图 4-3　蒸汽-空气锻锤分类示意图

由于模锻工艺需要，立柱与砧座的相对位置可通过横向调节楔来进行左右微调。为了能保证机架中心精度要求，立柱直接用 8 个斜置 10°～12°的螺栓与砧座连接。锻造时，由于冲击力的作用，立柱与砧座产生间隙，可通过螺栓下的弹簧所产生的侧向分力将立柱压紧在砧座的配合面上，从而防止左右立柱卡住锤头。

② 气缸部分。由气缸、保险缸、节气阀和滑阀组成。因为模锻锤在工作中常受到偏心打击，气缸壁受到撞击，所以要求气缸具有一定的强度和刚度，故模锻锤气缸体采用铸钢件。此外，为便于维修，在气缸内镶有铸钢套。

由于模锻锤频繁冲击，为避免操作不当或锤杆突然打断使活塞向上冲击，所以采用保险缸起到缓冲保险作用，其工作原理与自由锻锤相同。

气缸底部安装有锤杆密封装置，用于防止气缸的漏气和漏水，结构与自由锻锤相似。

③ 运动部分（落下部分）。由活塞、锤杆、锤头及上模组成。锤杆与锤头采用钢套、铜垫锥度配合，基本上与自由锻锤相同。活塞由钢质改成四氟乙烯非金属材料制成，大大减小了对缸内腔的磨损，从而延长了气缸的使用寿命。

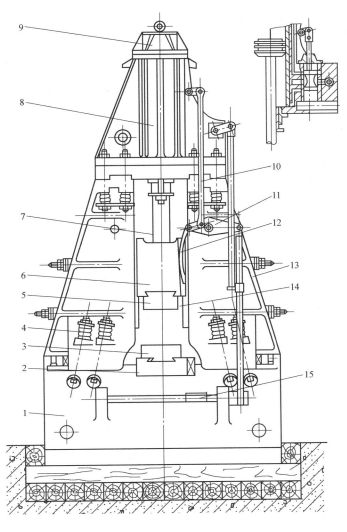

图 4-4　蒸汽-空气模锻锤

1—砧座　2—模座　3—下模　4—弹簧　5—上模　6—锤头　7—锤杆　8—气缸　9—保险缸
10—拉杆　11—杠杆　12—曲杆　13—立柱　14—导轨　15—脚踏板

④ 操纵部分。由曲杆、脚踏板、杠杆等组成。为使锤头快速打击，达到与模锻操作正确的配合，锻造过程中由 1 人进行操作。操作工人双手进行模锻工艺操作，同时用单脚控制锤头的工作循环。

⑤ 砧座部分。由砧座和模座组成。模锻锤的砧座上可安装 2~3 块模座、模套、接模等来固定下模。模锻锤的砧座比同吨位自由锻锤的砧座要大得多，是落下部分质量的 20~30 倍，不但提高了打击效率，而且大大减少了打击时砧座的退让，从而保证了锻件的轮廓清晰，以便获得比较精确的锻件。

2）蒸汽-空气模锻锤的工作原理。各种不同用途和结构形式的蒸汽-空气锤，其工作原理都相似。

如图 4-5 所示，蒸汽（或压缩空气）充入进气管 1，经节气阀 2、滑阀 3 的外周和下气道 9，进入气缸 5 的下部，在活塞 6 的下部环形底面上产生向上的作用力，使落下部分向上运动。此时，气缸上部的蒸汽（或压缩空气）从上气道 4 进入滑阀内腔，经排气管 10 排入大气。相反，当蒸汽（或压缩空气）经滑阀外周从上气道 4 进入气缸时，作用在活塞顶面的气体压力推动落下部分加速向下运动进行打击，气缸下部的气体则经下气道从排气管排出。锤击开始时，锤头速度可达 7~8m/s。

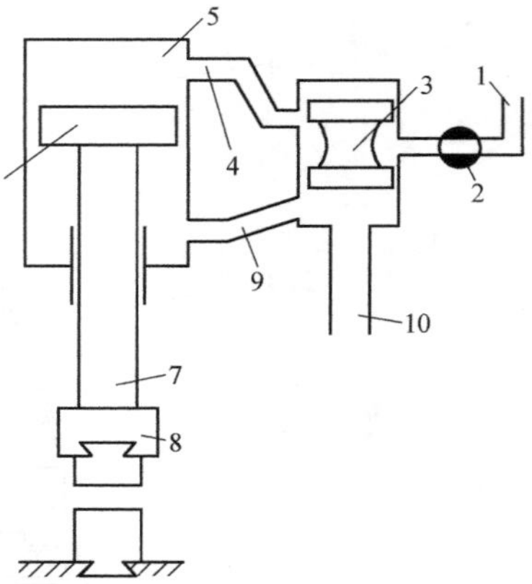

根据不同的锻造工艺要求操纵节气阀和滑阀，可实现单打（轻打、重打）、连续打、锤头悬空和压紧等动作。

图 4-5　蒸汽-空气模锻锤工作原理
1—进气管　2—节气阀　3—滑阀　4—上气道
5—气缸　6—活塞　7—锤杆　8—锤头
9—下气道　10—排气管

4.2.2　锻造工艺

锻造工艺主要是指在锻造过程中锻造不同材料的始锻温度、终锻温度、锻造方法和锻件的退火处理等。

1. 锻造温度

对于一般的碳素工具钢和低合金工具钢，在加热温度上没有特殊的要求，与一般的结构钢锻造并无大的差异，主要是自由锻造。锻造时比较难于掌握的是高铬钢和高速钢。由于Cr12MoV 等钢中碳和合金元素的含量很高，且有大量碳化物存在，给锻造造成了困难，会大大降低钢的塑性和韧性。因此，在锻造时要正确地控制锻造温度。碳素工具钢和低合金工具钢的锻造温度见表 4-5，高铬钢和高速钢的锻造温度见表 4-6。

表 4-5　碳素工具钢和低合金工具钢的锻造温度

材料牌号	锻造温度 t_0/℃	
	始锻	终锻
T8,T8A	1150	800
T10,T10A	1100	770
T12,T12A	1050	750
9Mn2V,9SiCr,CrWMn	1100	800
5CrMnMo,5CrNiMo	1100	850
3Cr2W8V	1100	850

表 4-6　高铬钢和高速钢的锻造温度

材料牌号	锻造温度 t_0/℃	
	始锻	终锻
Cr12	1050~1080	850~920
Cr12MoV	1050~1100	850~900
W6Mo5Cr4V2	1050~1100	920~950
W18Cr4V	1100~1150	880~930

2. 锻造方法

碳素工具钢和低合金工具钢的锻造方法与高铬钢和高速钢的锻造方法基本相同，均采用多次镦粗、拔长的方法达到所要求的形状和尺寸。对于高速钢和高铬钢，经锻造可以改善碳化物分布的不均匀性，从而提高零件的工艺性和使用寿命。有的零件在锻造时还要求具有一定的纤维方向，以提高某一方向的强度。目前，在锻造时一般采用以下方法。

（1）纵向锻造法 此方法是沿着坯料的轴向镦粗、拔长。它的优点是操作方便，流线方向容易掌握。纵向镦粗、拔长能有效地改善碳化物的分布状况。但镦粗、拔长次数多容易使两端开裂。纵向镦粗、拔长工艺，如图4-6所示。锻坯按图4-6所示进行反复镦粗、拔长，最后按锻件图的要求成形。

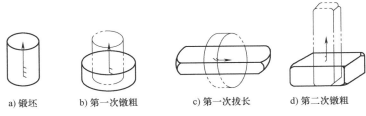

a) 锻坯   b) 第一次镦粗   c) 第一次拔长   d) 第二次镦粗

图4-6 纵向镦粗、拔长工艺

（2）横向锻造法 此方法也就是变向的镦拔。其中（包括十字、双十字镦拔）横向十字镦粗、拔长是将锻坯顺着轴线方向镦粗后，再沿着轴线的垂直方向进行十字形反复镦拔的一种锻造方法。横向镦粗、拔长工艺，如图4-7所示。

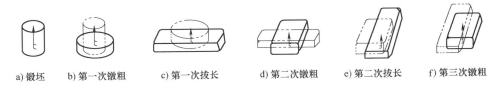

a) 锻坯   b) 第一次镦粗   c) 第一次拔长   d) 第二次镦粗   e) 第二次拔长   f) 第三次镦粗

图4-7 横向镦粗、拔长工艺

此方法的优点是锻坯中心部分金属流动不大，反复镦粗拔长中心不易开裂，能较好地改善碳化物分布状况。在锻造过程中，应注意锻件的流线方向。原来的坯料中心已转变为锻坯的横截面。为了保证锻坯反复镦粗拔长，仍使材料轴线方向不乱不错，在锻造过程中，需经常保持锻坯成扁方形，最后按锻件图要求锻造成形。

（3）综合锻造法 纵向锻造虽能有效地改善碳化物分布状况，但锻件中心较易开裂，而横向锻造虽不易使锻件开裂，但对改善碳化物分布的效果较差。因此，将每一次锻造中均包括纵向镦拔和横向镦拔的锻造方法，称为综合锻造法。因为此方法保留了横向十字镦拔坯料中心不容易开裂和纵向镦拔能改善碳化物分布的优点，所以广泛地应用于模具零件的锻造中。

3. 锻件的退火处理

锻造结束后，由于锻件的终锻温度比较高，或者随后的冷却不均匀，使其得到粗大的不均匀组织，并可能产生极大的内应力，使材料的力学性能变坏，同时也降低了冷加工性能

（如可加工性、冲压性等）。因此，对锻件要进行退火处理，使其组织细化，消除内应力，从而改善加工性。

各种锻件应有一定的退火工艺规范，以期达到所要求的硬度和金相组织，按照锻件钢种的不同，一般可将其退火工艺分为三类。

第一类锻件的退火工艺如图 4-8 所示。它适用于高铬钢和高速钢，如 Cr12，Cr12MoV，W18Cr4V、W9Cr4V2、W6Mo5Cr4V2、W6Mo5Cr4V2A1、W14Cr4V4 等。含钼高速钢应进行封闭退火，即用废铸铁屑、干砂进行保护。

第二类锻件的退火工艺如图 4-9 所示。它适用于一般低合金工具钢，如 CrMn、CrWMn、9CrWMn、7Cr3 和 8Cr3 以及配套零件坯料。它的高温保温时间：一般直径或厚度 100mm 以下的小型锻件及装载量不大时，采用 3h；锻件较大及其装载量大的采用 5h。它的低温保温时间：小件、小装载量采用 3h；大件、大装载量采用 6h。

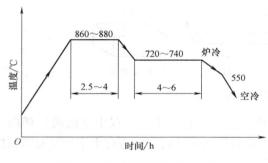

图 4-8　第一类锻件的退火工艺

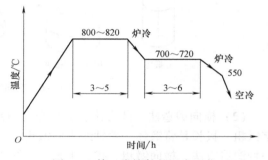

图 4-9　第二类锻件的退火工艺

第三类锻件的退火工艺如图 4-10 所示。它适用于各类工具钢，如 T7、T7A、T8、T8A、T10、T10A 和 9Mn2V 等。它的高温保温时间：小型锻件、小装载量采用 3h；大型锻件及大装载量采用 5h。它的低温保温时间：小型锻件、小装载量采用 3h；大型锻件及大装载量采用 6h。

第二、第三类退火适用的锻件，除特殊需要外，一般均不采用封闭保护措施。对于不宜采用上述三类退火工艺的锻件，特别是极易脱碳的小截面锻件，应根据材料的不同，另定退火工艺和保护措施，达到软化组织、消除内应力的目的。

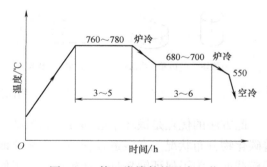

图 4-10　第三类锻件的退火工艺

4.2.3　锻模结构和特点

锤上锻模的结构分为胎模结构和锤锻模结构两部分。

（1）胎模结构

1）漏模。漏模是最简单的胎模，如图 4-11 所示由冲头、凹模及定位、导向装置构成。通常漏模是中间带孔的圆盘胎模。当胎模高度较大时，孔壁要制成一定的斜度，

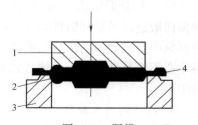

图 4-11　漏模

1—冲头　2—锻件　3—凹模　4—飞边

孔的上端要设计出圆角，这是为了防止摔伤锻件和利于拔模。漏模的中段要车出钳槽以便夹持。

漏模主要用于旋转体工件的局部镦粗、制坯、镦粗成形和冲连孔等工序。

2）摔子。如图 4-12 所示，摔子由上模和下模组成。摔子的上模和下模模腔形状基本一致。对两端贯通的摔模来说，两端都要设计出圆角，以免摔伤锻件并有利于拔模。对于一端封闭的摔子，更要注意设计圆角。摔子的手柄可焊接在模体上，也可用螺钉连接。锻造时锻件不断旋转进行锻压，一般不产生飞边。但摔子操作时间长，生产率低，主要用于圆轴、杆叉类锻件的生产。

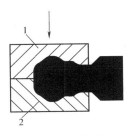

图 4-12　摔子
1—上模　2—下模

3）扣模。如图 4-13 所示，扣模由上、下扣或仅有下扣（上扣为锤砧）构成。操作时，锻件在扣模中不翻转。扣模变形量小、生产率低，主要用于杆叉类锻件的生产。

4）弯模。如图 4-14 所示，弯模由上模和下模组成，主要用于弯杆类锻件的生产。

5）垫模。如图 4-15 所示，垫模只有下模没有上模（上模为上锤砧）。锻造时，上锤砧不断抬起，金属冷却较慢，生产率较高，主要用于圆轴、圆盘及法兰盘锻件的生产。

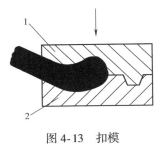

图 4-13　扣模
1—上扣　2—下扣

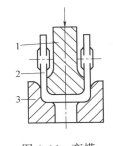

图 4-14　弯模
1—上模　2—锻件　3—下模

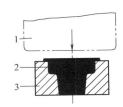

图 4-15　垫模
1—上锤砧　2—锻件　3—垫模

6）套模。如图 4-16 所示，套模由模套、模冲、模垫组成。模冲进入模套形成封闭空间，是一种无飞边闭式模，主要用于圆轴、圆盘类锻件的生产。

7）合模。如图 4-17 所示，合模由上、下模及导向装置构成。锻造终了，在分型面上形成横向飞边，是有飞边的开式模。

合模通用性强、寿命长、生产率高，多用于杆叉类零件的锻造。

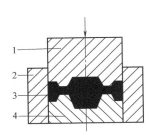

图 4-16　套模
1—模冲　2—模套　3—锻件　4—模垫

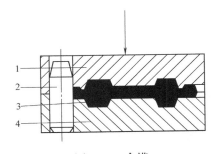

图 4-17　合模
1—上模　2—导销　3—锻件　4—下模

（2）锤锻模结构　如图 4-18 所示，锤锻模分上、下模两部分，分别用键、楔块和调整垫片固定在模锻锤头和模座的燕尾槽内。锤锻模的主要结构包括燕尾、键槽、锁扣、钳口、检验角、起重孔、模膛等。

燕尾——燕尾是锤锻模上凸出的楔块，锤锻模靠它来紧固在锤头和模座上。同时，它还起到防止模块脱离锻锤和限制模具左右移动的作用。

键槽——键槽的作用是与键配合安装，以防模具在锻打过程中因振动而前后窜动。

锁扣——锁扣的作用是保持上、下模模膛始终配合一致，在锤击时不错位。锁扣结构在上、下模上是成对设计的，并且凸部设计在下模，凹部设计在上模。

钳口——上、下模的钳口部位用于锻造操作时放置钳子和部分坯料，也便于操作者从模膛中取出锻件。预锻模膛和终锻模膛都有钳口。

检验角——制造锤锻模和安装锤锻模都需要有基准面，否则制造和安装精度难以保证，要指定锤锻模两个互为垂直的侧面为基准面，这两个侧面所构成的直角称为检验角。对于不带锁扣的锤锻模，其检验角尤为重要，安装和调试时用手触摸上、下模的检验角，就能检查出制造误差和安装的偏移情况。

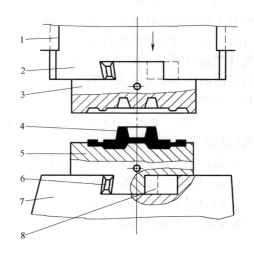

图 4-18　锤锻模
1—导轨　2—锤头　3—上模　4—锻件
5—下模　6—楔块　7—模座　8—键

起重孔——锤锻模体积大、质量大，所以都要设计起重孔，以便安装、调试、起吊。

模膛——模膛是锤锻模最重要的部分，在锻打过程中，金属在外力的作用下变形而充满模膛，以获得所需要的锻件形状和尺寸。

锤锻模结构简单、通用性强。

4.3　粉末冶金成形设备及工艺简介

粉末冶金既是制取金属材料的一种冶金方法，又是制造机械零件的一种加工方法。作为特殊的冶金工艺，可以制取用普通熔炼方法难以制取的特殊材料；作为少、无切削工艺之一，可以制造各种精密的机械零件。

粉末冶金从制取金属粉末开始，将金属粉末与金属或非金属粉末（或纤维）混合，经过成形、烧结，制成粉末冶金制品——材料或零件。根据需要，对粉末冶金制品还可进行各种后续处理，如熔浸、二次压制、二次烧结和热处理、表面处理等工序。此外，当制造复杂形状零件时，可以采用金属注射成形（MIM）、温压工艺；当制造大型和特殊制品时，可以采用挤压成形、等静压制、热压制、电火花烧结；对于带材，还可以采用粉末轧制。

4.3.1　粉末冶金特点和制品种类

1. 粉末冶金特点

粉末冶金工艺之所以能够在机械制造、汽车、电器、航空等工业中获得广泛的应用，主要是基于这种工艺的如下特点。

1）可制取合金与假合金，发挥每种组元各自的特性，使材料具有良好的综合性能。由于各组元密度或熔点相差悬殊，用熔炼方法制取时，易产生偏析或低熔点组元大量挥发等问题，以至难以制成。粉末冶金采用混料方法，材料成分均匀，烧结温度低于熔炼温度，基体金属不熔化，防止了密度偏析。低熔点组元的液相被均匀地吸附在多孔基体骨架内，不致大量流失。常见的多组元材料如下。

① 铁基、铜基结构零件材料。当选用较高的密度时，其力学性能与碳钢相当。

② 摩擦材料。以金属组元做基体（如铁、铜），加入提高摩擦系数的非金属组元（如氧化铝、二氧化硅、铸石粉）以及抗咬合、提高耐磨性的润滑组元（如铅、锡、石墨），制成有良好综合性能的摩擦材料，用作动力机械的离合器片和制动片。

③ 触点材料。将高熔点的组元作为耐电弧的基体（如钨、石墨），加入电导率高的组元（如铜、银），制成有良好综合性能的触点材料，用于电器开关中的触点。

④ 烧结铜铅减摩材料。用预合金铜铅粉或混合粉，经松装烧结到钢背上并轧制，或经压制成形并加压烧结扩散焊接到钢件上，制成双金属轴瓦、侧板和柱塞泵缸体，可显著减少材料中铅的偏析，提高材料的减摩性能。

⑤ 金刚石工具。用金属粉末（如钴、镍、铜、铁、钨或碳化钨等）作为胎体，孕镶金刚石颗粒或粉末，制成各种金刚石工具。

⑥ 纤维增强复合材料。用金属纤维、碳纤维、晶须等与金属粉末混合后，经成形（压制或轧制）、烧结制成复合材料，使材料的强度及耐磨性显著提高。

2）可制取多孔材料。熔炼材料通常是致密的，有时存在不可控制的气孔、缩孔，它们是材料的缺陷，无法利用。而粉末冶金工艺制造的零件材料，基体粉末不熔化，粉末颗粒间的空隙可以留在材料中，且分布较均匀。通过控制粉末粒度和颗粒形状、成形压力及烧结工艺，可获得预定的孔隙大小及孔隙度的多孔材料。

① 过滤材料。利用预定孔径及孔隙度的多孔材料，过滤各种流体。根据过滤介质的要求，选用不同的金属粉末。常用的有青铜、不锈钢、镍、钛等多孔金属过滤元件。

② 热沉材料。利用材料空隙，从零件内部连续渗透切削液体，或事先渗入低熔点金属，在高温工作条件下，渗入的低熔点金属从零件表面蒸发，带走大量热量，以冷却高熔点基体材料制成的零件。这类材料可用作燃气轮机叶片、钨浸铜火箭喷管等。

③ 减摩材料。利用孔隙浸渍润滑油、硫或聚四氟乙烯，制成有良好自润滑性能的材料。

此外，利用孔隙还可制成减振、消声、绝热、阻焰、催化等材料。

3）可制取硬质合金和难熔金属材料。钨、钼、钽、铌、锆、钛及其碳化物、氮化物等材料的熔点一般在1800℃以上，用熔炼方法会遇到熔化和制备炉衬材料困难的问题。用粉末冶金工艺，可利用压坯自身电阻加热，在真空或保护气氛中烧结，避免了制备耐高温炉衬材料的困难。因此，粉末冶金工艺是制取难熔金属及合金的最佳方法。

① 硬质合金。用高熔点、高硬度的钨、钛、钽、铌的碳化物为基体，用钴、镍、铁等做粘接相，制成各种牌号的硬质合金，用作刀具、模具、凿岩工具及耐磨零件等。

② 难熔金属材料。钨、钼材料可制成电热元件，极板及耐高温材料。利用钨的高密度，可制自动手表中的摆锤、手机中的振子等高密度制品。利用钽的大电容量，可制成体积小、电容量大的电容器。

4）一种精密的少、无切削加工方法。用粉末冶金方法来制造机械零件，在材料性能符合使用要求的同时，制品的形状和尺寸已达到或接近最终成品的要求，无须或只需少量切削加工。与切削加工工艺相比，粉末冶金工艺有如下优点。

① 生产率高。一台粉末冶金专用压机，班产量通常为 1000~10000 件。

② 材料利用率高。通常材料利用率在 90% 以上。

③ 节约非铁金属。在减摩材料领域里，相当多的情况下，多孔铁可取代青铜及巴氏合金。

④ 节约机床。节约切削加工机床及其占地面积。

2. 制品的种类

粉末冶金制品种类很多，在此仅介绍机械制造工业中常用的几个品种，如减摩零件、结构零件、摩擦零件、过滤零件、磁性零件和电触点等。

（1）减摩零件 粉末冶金的减摩零件主要有两大类：一种是自润滑轴承，如使用最广泛的是铁基和铜基含油轴承；另一种是需要外界润滑的轴承，如带钢背的铜铅轴瓦、钢背-铜镍—巴氏合金的三金属轴瓦以及纯铁硫化处理的轴承等。

（2）结构零件。粉末冶金的结构零件分为两大类：一种是铁基的烧结零件，它的应用最广，近来由于工艺上的改进和发展，取代了中高强度钢制的零件；另一种是非铁金属的结构零件，如黄铜、青铜和铝合金的制品等。

（3）摩擦零件 粉末冶金的摩擦零件有铁基和铜基的两类，铜基的主要用于液体摩擦的条件，铁基的主要用于干摩擦的条件。

（4）过滤零件 粉末冶金的过滤零件可由铁、镍、镍铬合金、不锈钢、钛、青铜等材料来制造，其中铁、镍、青铜及不锈钢的过滤零件应用最广。

（5）磁性零件 用粉末冶金制造的磁性零件有软磁零件、硬磁零件和磁介质零件三类。软磁零件可由纯铁、铁铜磷钼、铁硅、铁镍及铁铝合金等材料烧结。硬磁零件由铝镍钴合金等烧结。磁介质零件是由软磁材料与电介质组合物制成的制件，如铝硅铁粉芯。

（6）电触点 粉末冶金可将高熔点的钨、钼及碳化物与电导率高的易熔金属银铜结合起来，制成兼有高强度、耐电蚀及高电导率的复合烧结合金触点，用于大电流高压电路的开闭设备中。烧结银-氧化镉、银-铁触点在低压电器与弱电设备中也得到了广泛应用。

4.3.2 粉末冶金成形设备

由于粉末冶金制品的材料成分、几何形状和物理、力学性能多种多样，因此除单轴向刚性闭合模具压制成形外，还有冷或热等静压、挤压、粉末锻造、注射成形等成形工艺。但目前生产量最大的粉末冶金机械零件仍然是用单轴向刚性闭合模具压制成形的。

粉末冶金成形压机及其模架不仅应用于以结构零件为主的铁、铜基粉末冶金机械零件的生产，而且也应用于压制成形铁氧体磁性元件、精密陶瓷件以及硬质合金制品等，图 4-19 所示为其外形结构图。在生产中，除粉末冶金成形压机外还有精整压机，其结构比粉末冶金成形压机简单。

在进行模具设计时，应对所选择的（使用的）粉末冶金成形设备的性能、结构有所了解，因为它直接影响粉末冶金成形（精整）的模具结构方案的确定。粉末冶金成形设备通常是由机械和液压驱动的，故分为机械式粉末冶金成形压机和液压式粉末冶金成形压机。

随着生产技术的发展，粉末冶金成形压机已作为一种专用设备，并逐渐增加了一些任选附件（模架等）或附属装置（模架快速交换装置等）。

专用的粉末冶金成形压机功能齐全，但价格较昂贵。对一些形状简单、精度不高的粉末

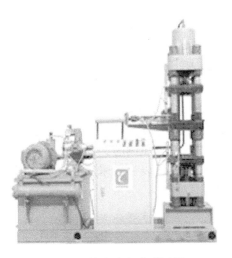

图 4-19　粉末冶金成形压机

冶金件的成形（精整），可通过对普通可倾压力机、框式（四柱）液压机进行自动化改造，也能达到较好的技术经济效果。

4.3.3　粉末冶金工艺

粉末冶金并不是一种制品，而是一门制造金属制品的技术。粉末冶金工艺流程如图 4-20 所示。

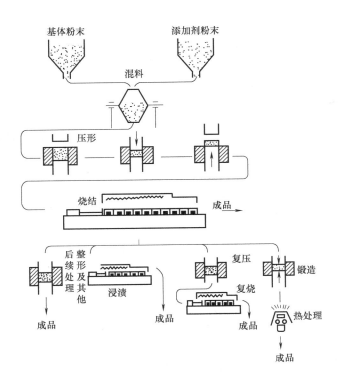

图 4-20　粉末冶金工艺流程

粉末冶金的基本工序是粉末制造、压形、烧结及烧结后的加工处理。有时要增加熔浸、二次压制和二次烧结等工序。此外，有时还采取一些特殊方法，如制造大型和特殊制品时，采用挤压成形、等静压制、热压制、火花烧结；对于带材，采用粉末压制等。

4.3.4 粉末冶金模具结构和特点

1. 压制模

实体类压坯的单向手动式成形模如图 4-21 所示。该结构的基本零件是阴模 4 和上、下模冲 6、7。模套 5 与阴模为过盈配合，其作用是给阴模施加预压应力，以提高模具的承载能力。它适用于压制截面较小的零件。压制时，为了便于装粉，可采用装粉斗 2。若压坯截面小则压制力也小，不便控制压力，所以一般采用限位块 3 限位。压坯截面小不便于放细长的脱模棒，故采用加长上模冲用以脱模。

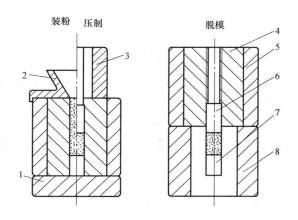

图 4-21　实体类压坯的单向手动式成形模
1—压垫　2—装粉斗　3—限位块　4—阴模
5—模套　6—上模冲　7—下模冲　8—脱模座

实体类压坯的浮动式成形模如图 4-22 所示，阴模 8 固定在浮动的阴模板 7 上，由弹簧托起，限位螺钉 3 限位。需要改变装粉高度时，可更换不同高度的调节垫圈 4 来实现。压制时，阴模壁在摩擦力作用下，克服弹簧力向下浮动。一般情况下，弹簧力远小于摩擦力，故浮动压制相当于双向压制。脱模时，放上脱模座 1 压下阴模 8，压坯脱出后略胀大，随阴模复位，限位套 10 防止脱模时弹簧被过分地压缩。

2. 精整模

手动通过式精整模如图 4-23 所示。这种结构精整外径时，上模冲 1 有导向，不致损坏工件的同轴度。另外，将串芯轴和脱芯轴合并，以提高效率。它适用于精整较长的烧结工件。

轴套拉杆式半自动通过式精整模如图 4-24 所示，阴模 5 固定在模柄 15 上，芯轴 14 固定在底板 13 上。上、下模冲只起顶脱作用，即成为顶套 3 和托盘 6。精整时，工件放在芯轴上定位，靠阴模精整余量并将工件压入芯轴，托盘随压机冲头和拉杆下行，落到压盖 10 后，阴模继续下行，完成了径向精整。脱模时，工件被阴模带上，当顶杆 16 被横梁挡住后，顶套将工件脱出阴模，或工件留在芯轴上，拉杆 1 上行时顶动顶杆 7 和托盘，将工件脱出芯

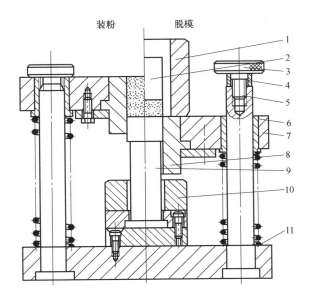

图 4-22　实体类压坯的浮动式成形模

1—脱模座　2—上模冲　3—限位螺钉　4—调节垫圈　5—导柱　6—导套

7—阴模板　8—阴模　9—下模冲　10—限位套　11—下模板

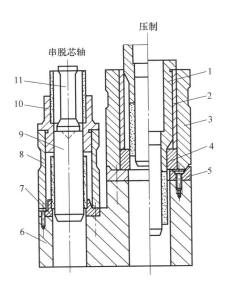

图 4-23　手动通过式精整模

1—上模冲　2—导套　3—模套　4—阴模　5—压垫　6—模座　7、10—定位套

8—脱模座　9—芯轴　11—顶杆

轴。该结构要求工件外径精整余量大于内径精整余量，即适用于外箍内的精整方式。该结构较简单，送料时工件有定位，但不便于自动送料。

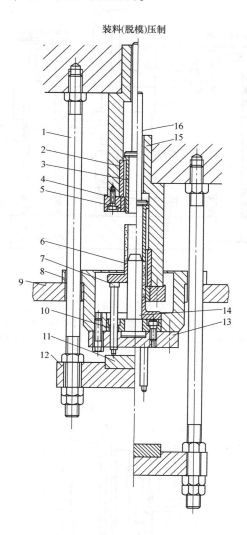

图 4-24 轴套拉杆式半自动通过式精整模

1—拉杆 2—限位套 3—顶套 4—模套 5—阴模 6—托盘 7、16—顶杆 8—模座 9—模板 10—压盖
11—垫块 12—横梁 13—底板 14—芯轴 15—模柄

思考与练习

1. 压铸机主要由_____、_____、_____、_____等部分组成。

2. 开、合模及锁模机构统称为_____。

3. _____是指压射冲头作用于熔融合金单位面积上的压力。

4. 由于压射比压的作用，使正在凝固的熔融合金将压射比压传递给型腔壁面的压力称为_____。

5. _____是指熔融合金从充满型腔到内浇口完全凝固之前，冲头压力所持续的时间。

6. _____是指保压时间终了到开模推出铸件的时间。

7. 锻造按成形方法不同分为_____和_____。

8. 锤上锻模的结构分为_____和_____两部分。

9. 粉末冶金既是制取金属材料的一种_____方法，又是制造机械零件的一种_____方法。

10. 简述合模机构的作用。

11. 简述压铸机的选用原则。

12. 简述涂料的作用。

13. 简述涂料的使用要求。

14. 简述模锻生产的优缺点。

15. 简述纵向锻造法的优点。

第5章　模具制造技术

 学习内容

　　随着信息技术的发展，在模具制造中出现了许多先进的加工工艺方法，可以满足各种复杂型面模具零件的加工需求。模具制造应根据模具设计要求和现有设备及生产条件，恰当地选用模具的加工方法。

　　模具的种类繁多，组成零件更是多种多样。模具生产具有一般机械产品生产的共性，同时又具有其特殊性。它的制造过程主要特点是单件小批、多品种生产，在制造工艺上尽量采用万能通用机床，通用刀具、量具和仪器，尽可能地减少二类工具的数量，在制造工序安排上要求工序相对集中，以保证加工质量和精度，简化管理和减少工序周转时间。

　　模具加工的另一特点是机械技术与电子技术的密切结合。随着模具制造技术的进步，采用机、电相结合的方法（如电火花加工技术、数控加工技术）已经成为模具制造中的主要加工方法，尤其是近年来随着计算机技术的发展应用，数控机床、加工中心在模具制造中应用已非常广泛，使模具制造的精度、效率、自动化程度得到大幅度提高。

　　根据模具的设计图样（包括装配图样和零件图样）中的模具构成、零件的结构要素和技术要求，制造完成一副完整模具的工艺过程一般可分为：①毛坯外形的加工；②工作型面的加工；③模具标准零部件的再加工；④模具装配。模具加工与装配工艺过程如图 5-1 所示。

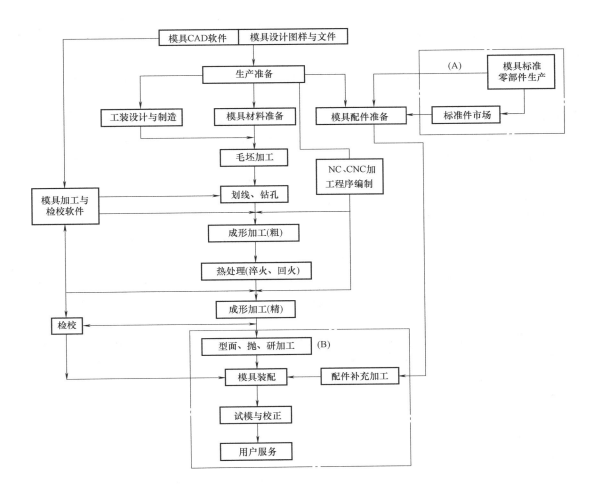

图 5-1 模具加工与装配工艺过程框图

5.1 模具制造技术的发展趋势

随着市场经济发展的需要和产品更新换代不断加快，对模具制造技术也提出了越来越高的要求，模具制造质量提高、生产周期缩短，已经成为模具行业发展的必然趋势。根据国内外模具制造业现状和对未来的预测，其主要发展趋势可归纳为以下几个方面。

1. 模具 CAD/CAE/CAM 正向集成化、三维化、智能化和网络化方向发展

（1）模具软件功能集成化　模具软件功能的集成化要求软件的功能模块比较齐全，同时各功能模块采用同一数据模型，以实现信息的综合与共享，从而支持模具设计、制造、装配、检验、测试及生产的全过程，达到实现最佳效益的目的。英国 Delcam 公司的系列化软件就包括了曲面/实体几何造型、复杂形体工程制图、工业设计高级渲染、塑料模设计专家系统、复杂形体 CAM、艺术造型及雕刻自动变成系统、逆向工程系统及复杂形体在线测量系统等。

集成化程度较高的软件还包括 Pro/ENGINEER、UG 和 CATIA 等。国内有上海交通大学金属塑性成型有限元分析系统和冲裁模 CAD/CAM 系统；北京数码大方科技股份有限公司的 CAXA 系列软件；吉林金网络媒介工程研究中心的冲压模 CAD/CAE/CAM 系统等。

（2）模具设计、分析及制造的三维化和智能化 传统的二维模具结构设计已越来越不适应现代化生产和集成化技术要求。模具设计、分析、制造的三维化、无纸化要求新一代模具软件以立体的、直观的感觉来设计模具，所采用的三维数字化模型能方便地用于产品结构的 CAE 分析、模具可制造性评价和数控加工、成形过程模拟及信息的管理与共享。如 Pro/ENGINEER、UG 和 CATIA 等软件具备参数化、基于特征、全相关等特点，从而使模具并行工程成为可能。另外，Cimatran 公司的 Moldexpert、Delcam 公司的 Ps-mold 及日立造船的 Space-E/mold 均是三维专业注射模设计软件，可进行交互式三维型腔、型芯设计，模架配置及典型结构设计。澳大利亚 Moldflow 公司的三维真实感流动模拟软件 MoldflowAdvisers 已经得到用户广泛的好评和应用。国内有华中理工大学研制的同类型软件 HSC3D4.5F 及郑州工业大学的 Z-mold 软件。面向制造、基于知识的智能化功能是衡量模具软件先进性和实用性的重要标志之一。如 Cimatron 公司的注射模专家软件能根据脱模方向自动产生分型线和分型面，生成与制品相对应的型芯和型腔，实现模架零件的全相关，自动产生材料明细表和供 NC 加工的钻孔表格，并能进行智能化加工参数设定、加工结果校验等。

（3）模具软件应用的网络化趋势 随着模具在企业竞争、合作、生产和管理等方面的全球化、国际化以及计算机软硬件技术的迅速发展，网络使得在模具行业应用虚拟设计、敏捷制造技术既有必要也有可能。

2. 模具检测、加工设备向精密、高效和多功能方向发展

（1）模具检测设备的日益精密、高效 精密、复杂、大型模具的发展，对检测设备的要求越来越高。现在精密模具的精度已达 $2\sim3\mu m$，目前国内厂家使用较多的是意大利、美国、日本等国的高精度三坐标测量机，并具有数字化扫描功能。东风汽车模具厂不仅拥有意大利产 $3250mm\times3250mm$ 三坐标测量机，还拥有数码摄影光学扫描仪，率先在国内采用数码摄影、光学扫描作为空间三维信息的获得手段，从而实现了测量实物→建立数学模型→输出工程图样→模具制造全过程，成功实现了逆向工程技术的开发和应用。这方面的设备还包括英国雷尼绍公司第二代高速扫描仪（CYCLO NSERIES2），其可实现激光测头和接触式测头优势互补，激光扫描精度为 $0.05mm$，接触式测头扫描精度达 $0.02mm$。另外德国 GOM 公司的 ATIS 便携式扫描仪，日本罗兰公司的 PIX-30、PIX-4 台式扫描仪和英国泰勒·霍普森公司的 TALYSCAN150 多传感三维扫描仪分别具有高速化、廉价化和功能复合化等特点。

（2）数控电火花加工机床 日本沙迪克公司采用直线电动机伺服驱动的 AQ325L、AQ550L. LSWEDM 具有驱动反应快、传动及定位精度高、热变形小等优点。瑞士夏米尔公司的 NCEDM 具有 P-E3 自适应控制、PCE 能量控制及自动编程专家系统。另外有些 EDM 还采用了混粉加工工艺、微精加工脉冲电源及模糊控制（FC）等技术。

（3）高速铣削机床（HSM） 铣削加工是型腔模具加工的重要手段，而高速铣削具有工件温升低、切削力小、加工平稳、加工质量好、加工效率高（为普通铣削加工的 5~10 倍）及可加工硬材料（<60HRC）等诸多优点，因而在模具加工中日益受到重视。瑞士克朗公司 UCP710 型五轴联动加工中心，其机床定位精度可达 $8\mu m$，自制的具有矢量闭环控制电主轴，最大转速为 $42000r/min$。意大利 RAMBAUDI 公司的高速铣床，其加工范围达 2500mm×

5000mm×1800mm，转速达 20500r/min，切削进给速度达 20m/min。高速铣削机床一般主要用于大、中型模具加工，如汽车覆盖件模具、压铸模等曲面加工，其曲面加工精度可达 0.01mm。

3. 快速经济制模技术迅速发展

缩短产品开发周期是赢得市场竞争的有效手段之一。与传统模具加工技术相比，快速经济制模技术具有制模周期短、成本较低的特点，精度和寿命又能满足生产需求，是综合经济效益比较显著的模具制造技术，具体有以下一些技术。

（1）快速原型制造技术（RPM） 它包括激光立体光刻技术（SLA）；叠层轮廓制造技术（LOM）；激光粉末选区烧结成形技术（SLS）；熔融沉积成形技术（FDM）和三维印刷成形技术（3D-P）等。

（2）表面成形制模技术 它是指利用喷涂、电铸和化学腐蚀等新的工艺方式形成型腔表面及精细花纹的一种工艺技术。

（3）浇注成形制模技术 它主要有锡铋合金制模技术、锌基合金制模技术、树脂复合成形模具技术及硅橡胶制模技术等。

（4）冷挤压及超塑成形制模技术

（5）无模多点成形技术

（6）KEVRON 钢带冲裁落料制模技术

（7）模具毛坯快速制造技术 它主要有干砂实型铸造、负压实型铸造、树脂砂实型铸造及失蜡精铸等技术。

（8）其他方面技术 如采用氮气簧压边、卸料、快速换模技术，冲压单元组合技术，刃口堆焊技术及实型铸造冲模刃口镶块技术等。

4. 模具材料及表面处理技术发展迅速

模具工业要上水平，材料应用是关键。因选材和用材不当，致使模具过早失效，大约占失效模具的 45%。在模具材料方面，常用冷作模具钢有 CrWMn、Cr12、Cr12MoV 和 W6Mo5Cr4V2，火焰淬火钢，如日本的 AUX2、SX105V（7CrSiMnMoV）等；常用新型热作模具钢有美国 H13、瑞士 QRO80M、QRO90SUPREME 等；常用塑料模具用钢有预硬钢（如美国 P20）、失效硬化型钢（如美国 P21、日本 NAK55 等）、热处理硬化型钢（如美国 D2，日本 PD613、PD555，瑞士一胜白 136 等）、粉末模具钢（如日本 KAD18 和 KAS440）等；覆盖件拉深模常用 HT300、QT60-2、Mo-Cr、Mo-V 铸铁等，大型模架用 HT250。多工位精密冲模常采用钢结硬质合金及硬质合金 YG20 等。在模具表面处理方面，其主要趋势是：由渗入单一元素向多元素共渗、复合渗（如 TD 法）发展；由一般扩散向 CVD、PVD、PCVD、离子渗入、离子注入等方向发展；可采用的镀膜有 TiC、TiN、TiCN、TiAlN、CrN、Cr7C3、W2C 等，同时热处理手段由大气层处理向真空热处理发展。另外，目前激光强化、辉光离子氮化技术及电镀（刷镀）防腐强化技术等也日益受到重视。

5.2 模具制造的基本要求

模具作为现代工业生产的重要工艺装备，其制造质量、使用寿命、生产周期等均对其产品的生产成本、质量、周期有影响。因此，对加工模具的基本要求是：精度高、寿命长、制造周期短、成套性生产、成本低。

1. 制造精度高

模具的精度主要由制件精度和模具结构要求所决定。一般情况下，为保证成形制件的精度，模具工作部分的精度通常要求高于制件精度2~3级。而模具加工精度主要取决于加工机床精度、加工工艺条件、测量手段和方法等。因此，在模具生产中精密、数控设备的使用越来越普遍，如平面和成形磨床、加工中心、电火花加工机床、连续轨迹坐标磨床、三坐标测量机等，使模具加工向高技术密集型发展。同时，在生产中较多采用"实配法"和"同镗法"等，虽然降低了模具零件的互换性，但便于保证加工精度，并大大降低了加工难度。

2. 使用寿命长

模具是较昂贵的工艺装备，通常在产品成本中模具的加工费用占10%~30%。因此，模具的使用寿命将直接影响产品成本的高低及工艺装备部门负荷的轻重等，故要求模具具有较长的使用寿命。在大批量生产条件下，为保证高效生产，模具的使用寿命显得尤为重要。

模具寿命除与模具材料、毛坯质量、模具零件制造精度及热处理质量有关外，还与模具的安装、调整、使用和维修有关。在诸多因素中，工作表面的加工质量最为重要。模具工作表面质量越好、模具与制件的摩擦越小、模具磨损越小，使用寿命越高。

3. 制造周期短

模具制造的周期取决于模具制造技术和生产管理水平。为满足生产需要，提高产品竞争能力，必须在保证质量的前提下尽量缩短模具的制造周期。模具的生产管理、设计和工艺工作都应该适应这一要求。

4. 成套性生产

当某个制件需要多副模具加工时，前一模具所制造的是后一道模具的毛坯，模具之间相互牵连制约，只有最终制件合格，这一系列模具才算合格。因此，在模具的生产和计划安排上必须充分考虑这一特点。

5. 制造成本低

模具的制造成本与模具结构的复杂程度、模具材料的选择、精度要求及加工方法等有关。模具的结构、选材、精度要求等是在模具设计中确定的。为了降低制造成本，设计中应遵循在满足使用要求的前提下，结构尽可能简单、选材尽可能便宜、精度要求尽可能低的原则。在模具制造中，其加工方法的选择及制造工艺规程制订得是否合理，也直接影响制造成本，也应在保证加工精度要求的条件下，选择合理的加工方法并制订合理的工艺规程，以最大限度地降低制造成本。

模具的精度、寿命、制造周期和成本等指标是相互关联、相互影响的。模具的制造精度越高，使用寿命越长，往往导致制造成本增加；而制造成本的降低和制造周期的缩短，也大都影响制造精度和使用寿命。因此，在模具设计和制造中，应视具体情况全面考虑，在保证制件质量的前提下，选择与制件产量相适应的模具结构、精度、材料和制造方法，从而使模具制造成本降至最低限度。

5.3 模具毛坯的种类及特点

在模具生产中，坯料（毛坯）的加工与制造是由原材料转变为成品的生产过程的第一步。模具寿命的长短、质量的好坏，在很大程度上都取决于所选择的毛坯。因此，毛坯的种类和制造方法的选择，需根据生产类型和具体生产条件，并充分注意利用新技术、新工艺、新材料的可能性，以便降低成本，提高质量。

5.3.1 常见模具毛坯的种类及特点

毛坯的种类及特点见表 5-1。

表 5-1 毛坯的种类及特点

毛坯类型	特 点	应用范围
铸件毛坯	1)模具零件的铸件有铸铁件和铸钢件两种 2)铸铁件有优良的铸造性能、可加工性和耐磨、润滑性能 3)铸件有一定的强度,价格低廉 4)铸件由于用木模手工造型,精度及生产率较低	模具的上、下模座,大型拉深模零件,热锻模的模体
锻件毛坯	1)材料的组织细密,碳化物分布及锻造后流线合理,改善了热处理性能 2)锻件毛坯分自由锻件和模锻件两种,前者精度低、表面粗糙、余量大,适于单件小批量生产;模锻件精度高、表面光整,余量小,纤维组织分布比较均匀,可提高机械强度,可大批量生产	模具的上、下模座,大型拉深模零件,热锻模的模体
型材毛坯	有较高的精度及良好的力学性能,适于对热处理要求较高,使用寿命要求长的零件	凸模、凹模及型腔等零件

5.3.2 选择模具毛坯的原则

选择模具毛坯要根据下列各影响因素综合考虑。

(1) 零件材料的工艺性、组织和力学性能要求 零件材料的工艺性是指材料的铸造和锻造等性能，所以零件的材料确定后其毛坯已大体确定。例如：当材料具有良好的铸造性能时，应采用铸件制作毛坯。如模座、大型拉深模零件，其原材料常选用铸铁或铸钢，它们的毛坯制造方法也就相应确定了。

当采用高速钢、Cr12、Cr12MoV、6W6Mo5Cr4V 等高合金工具钢制造模具零件时，由于热轧原材料的碳化物分布不均匀，必须对这些钢材进行锻造。一般采用镦拔锻造，经过反复的镦粗与拔长，使钢中的共晶碳化物破碎，分布均匀，以提高钢的强度，特别是提高韧性，进而提高零件的使用寿命。

(2) 零件的结构形状和尺寸 零件的形状和尺寸对选择毛坯有重要影响。例如：对阶梯轴，如果各台阶直径相差不大，可直接采用棒料制作毛坯，使毛坯准备工作简化。如果阶梯轴各台阶直径相差较大，宜采用锻件制作毛坯，以节省材料，减少机械加工的工作量。在这里锻造的目的在于获得一定形状和尺寸的毛坯。

(3) 生产类型 选择毛坯应考虑零件的生产类型。大批、大量生产宜采用精度高的毛坯，并采用生产率比较高的毛坯制造工艺，如模锻、压铸等；当零件产量较小时，可选用自由锻造毛坯。用于毛坯制造的工装费用可通过减少毛坯材料消耗和降低机械加工费用来补偿。模具生产属于单件小批生产，可采用精度低的毛坯，如自由锻造和手工造型铸造的毛坯。对于大型零件，可以选择精度较低的自由锻造毛坯；而对于中小型零件，应选用标准模锻毛坯。

(4) 工厂生产条件 选择毛坯应考虑毛坯制造车间的工艺水平和设备情况，同时应考虑采用先进工艺制造毛坯的可行性和经济性。如中小工厂其锻压设备能力较差，或根本没有锻压设备的，在不影响零件质量及性能的情况下，尽量选用型材毛坯，但应该注意提高毛坯的制造水平。

5.4 模具的机械加工

机械加工是模具制造中的重要加工方法，模具中的大多数零件都是通过机械加工主法制造获得的。

5.4.1 模架的普通机床加工

常用的普通机床有车床、铣床、刨床、磨床和钻床等。

1. 车床

车床是主要用车刀对旋转的工件进行车削加工的机床，如图 5-2a 所示。在车床上还可用钻头、扩孔钻、铰刀、丝锥、板牙和滚花工具等进行相应加工。工件装夹在卡盘上，主轴带动工件做旋转运动，刀具在进给箱的带动下做直线运动，完成切削加工。在车床上常加工圆形型腔、型芯、导柱、导套等回转体类模具零件，如图 5-2b 所示。

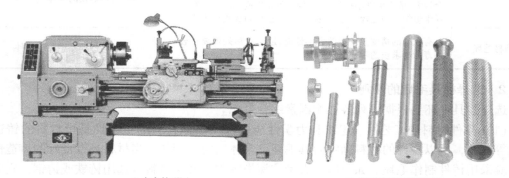

a) 车床外形图   b) 加工的典型模具零件

图 5-2　车床外形图和加工的典型模具零件

2. 铣床

铣床可以加工平面、曲面等各种表面。常见的铣床有立式铣床、卧式铣床、万能铣床、工具铣床等，如图 5-3 所示。

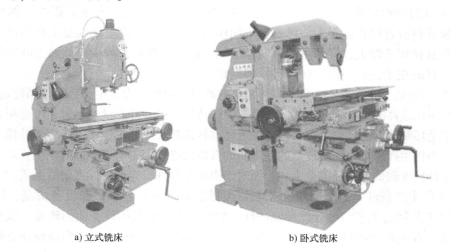

a) 立式铣床   b) 卧式铣床

图 5-3　铣床

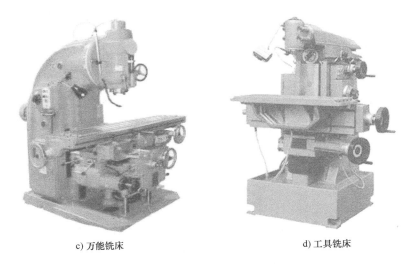

c) 万能铣床　　　　　　　　　d) 工具铣床

图 5-3　铣床（续）

3. 刨床

刨床是用刨刀对工件的平面、沟槽或成形表面进行刨削的直线运动机床。常见的刨床有牛头刨床和龙门刨床，如图 5-4 所示。牛头刨床工作时，被加工工件用机用平口钳安装于工作台上，工作台可左右移动。刨刀固定在滑枕上的刀架中，刨刀做前后移动，通过刨刀与工件的相对运动，完成平面加工。龙门刨床用于加工尺寸较大的工件。使用刨床加工，刀具较简单，但生产率降低（加工长而窄的平面除外），因而主要用于单件、小批量生产及机修车间，在大批量生产中往往被铣床所代替。

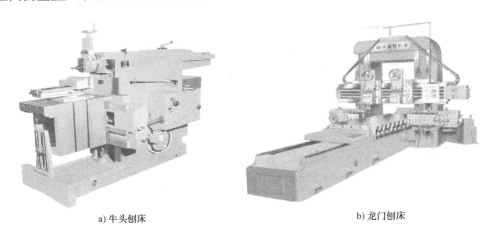

a) 牛头刨床　　　　　　　　　　　　　　b) 龙门刨床

图 5-4　刨床

4. 磨床

磨床是利用磨具对工件表面进行磨削加工的机床。大多数的磨床是使用高速旋转的砂轮进行磨削加工的。常见的磨床有平面磨床和外圆磨床，如图 5-5 所示。少数磨床使用磨石、砂带等其他磨具和游离磨料进行加工，如珩磨机、超精加工机床、砂带磨床、研磨机和抛光机等。

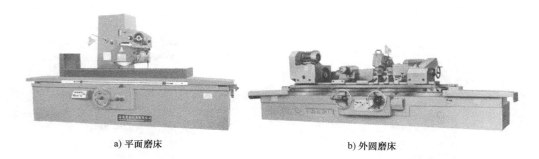

a) 平面磨床   b) 外圆磨床

图 5-5 磨床

5. 钻床

钻床是用来加工孔的设备。常用的钻床有台式钻床、立式钻和摇臂钻床。

（1）台式钻床 台式钻床用来钻直径在 13mm 以下的孔，钻床的规格是指钻孔的最大直径，常用的有 6mm 和 12mm 等几种规格。由于台式钻床的最低转速较高（一般不低于 400r/min），不适用于锪孔、铰孔。常见的台式钻床型号为 Z5032，如图 5-6a 所示。

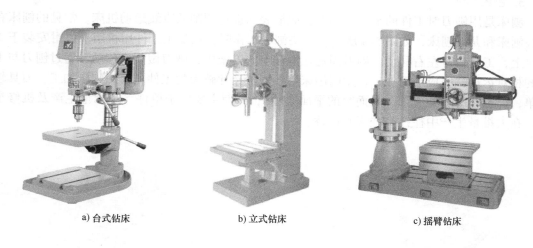

a) 台式钻床   b) 立式钻床   c) 摇臂钻床

图 5-6 钻床

（2）立式钻床 立式钻床一般用来钻、扩、锪、铰中小型工件上的孔，其最大钻孔直径规格有 25mm、35mm、40mm 和 50mm 等几种。如图 5-6b 所示，立式钻床主要由主轴箱、进给箱、工作台、立柱、底座等组成。

（3）摇臂钻床 摇臂钻床用于大工件及多孔工件的钻孔，需通过移（转）动钻轴对准工件上孔的中心来钻孔，如图 5-6c 所示。

5.4.2 模具的数控机床加工

模具制造中对于机械加工技术的要求较高，而数控加工作为现代化机械加工的方式能够满足模具制造的特殊要求，特别是数字控制技术以及数控机床的精准度已经有所提高。在模具制造中，应用数控加工可以起到提高加工精度、缩短制造周期、降低制造成本的作用，同时由于数控加工的广泛应用，可以降低对模具钳工经验的过分依赖。因而数控加工在模具中的应用给模具制造带来了革命性的变化。当前，先进的模具制造企业都以数控加工为主来制造模具，并以数控加工为核心进行模具制造流程的安排。

1. 数控车床

通常，采用数控车床进行车外圆、车孔、车平面、车锥面等加工。数控车削加工在模具制造中多用于轴类标准件加工，如各种杆类零件，包括顶尖和导柱、冲压模具的冲头等。数控车床由于加工平面的限制，往往仅能够用于模具中部分零件的加工，如图5-7所示。

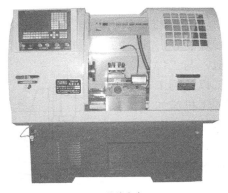

a) 数控车床　　　　　　　　　　　　　b) 加工的典型模具零件

图 5-7　数控车床及加工的典型模具零件

2. 数控铣床和加工中心

由于模具外部结构多为平面结构，同时多为凹凸型面以及典面的加工，因而数控铣床的应用较多，如图5-8所示。采用数控铣床可以加工外形轮廓较为复杂或者带有曲面的模具。电火花成形加工用电极、注射模、压铸模等，可以采用数控铣削加工。随着数控加工技术的不断发展，目前大型加工中心在模具制造中较为常用，如图5-9所示。

　　　　　　　　　　　a) 三轴联动加工中心　　　　　　　　b) 五轴联动加工中心

图 5-8　数控铣床　　　　　　　　图 5-9　加工中心

随着数控加工技术的发展，越来越多的数控加工方法应用到模具制造中，各种先进制造技术的采用使模具制造的前景更加广阔。

5.5　模具的特种加工

随着工业生产的发展和科学技术的进步，具有高强度、高硬度、高韧性、高脆性、耐高温等特殊性能的新材料不断出现，使切削加工出现了许多新的困难和问题。在模具制造中对形状复杂的型腔、凸模和凹模型孔等采用切削方法往往难于加工。特种加工就是在这种情况下产生和发展起来的。特种加工是直接利用电能、热能、光能、化学能、电化学能、声能等进行加工的工艺方法。与传统的切削加工方法相比，它的加工机理完全不同。目前在生产中应用的特种加工有电火花加工、电火花线切割加工、化学和电化学加工等。

5.5.1 电火花加工

电火花加工（也称为电蚀加工或放电加工）是直接利用电能、热能对金属进行加工的一种方法，其原理是在一定液体介质中（如煤油等），通过工具电极（一般用石墨或纯铜制成，成形部分的形状与待加工工件型面相似）与工件之间产生脉冲性火花放电来蚀除多余金属，以达到工件的尺寸、形状及表面质量要求。电火花加工机床如图 5-10 所示，其主要组成部分为机床本体、脉冲电源、进给装置和工作液循环过滤系统等。

电火花加工有其独特的优点，在模具成形零件的加工中得到了广泛的应用，其主要特点如下。

1）所用的工具电极不需比工件材料硬，所以它便于加工用机械加工方法难以加工或无法加工的特殊材料（如淬火钢、硬质合金、耐热合金等）。

2）加工时工具电极与工件不接触，工具电极与工件之间的宏观作用力极小，所以它便于加工带小孔、深孔或窄缝的零件，尤其适合于加工凹模中各种形状复杂的型孔、型腔。

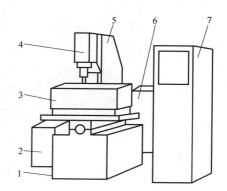

图 5-10 电火花加工机床
1—机床本体 2—液压油箱 3—工作液槽
4—进给装置 5—立柱 6—工作液循
环过滤系统 7—脉冲电源

3）可以有其他用途，如电火花刻字、打印铭牌和标记、表面强化等。

4）由于直接利用电、热能进行加工，便于实现加工过程中的自动控制。

5）电火花加工的余量不宜太大，因此电火花加工前需用机械加工等方法去除大部分多余的金属，此外还需要根据所加工零件的形状尺寸制造工具电极。由于数控设备的普及，使得电极的制造也比较容易。

近年来，电火花加工特别是数控电火花加工得到了越来越广泛的应用。

5.5.2 电火花线切割加工

电火花线切割加工是利用金属（纯铜、黄铜、钨、钼或各种合金等）线或各种镀层金属线作为负电极，以导体或半导体材料制成的工件作为正电极，在线电极和工件之间加上脉冲电压，同时在线电极和工件之间注入矿物油、乳化液或去离子水等工作液，不断地产生火花放电，使工件不断地被电蚀，进行所要求的尺寸加工。电火花线切割加工的原理图如图5-11 所示。在加工中，一方面储丝筒使线电极（钼丝）相对工件不断地往上（下）移动（慢速走丝是单向移动，快速走丝是往返移动）；另一方面，安装工件的十字工作台由数控伺服电动机驱动，在 X、Y 轴方向实现切割进给，使线电极沿加工图形的轨迹对工件进行切割加工。这种切割加工是依靠电火花放电作用来实现的。

电火花线切割广泛适用于加工淬火钢、硬质合金等难以用机械加工的材料。目前能达到的加工精度为 $\pm 0.001 \sim \pm 0.01\text{mm}$，表面粗糙度 Ra 为 $0.32 \sim 2.5\mu\text{m}$，最大切割速度可以达到

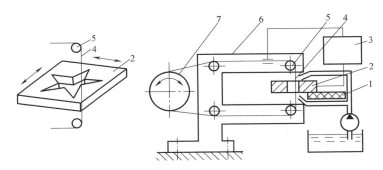

图 5-11　电火花线切割加工的原理图

1—绝缘底板　2—工件　3—脉冲电源　4—钼丝　5—导向轮　6—支架　7—储丝筒

50mm²/min 以上，切割厚度最大可达 500mm。电火花线切割加工也广泛应用于冲模、挤压模、塑料模，电火花型腔模用的电极加工等。由于电火花线切割加工机床的加工速度和精度的迅速提高，目前已达到可与坐标磨床相竞争的程度。例如：中小型冲模材料为模具钢，过去用分开模和曲线磨削的方法加工，现在改用电火花线切割整体加工的方法。

数控电火花线切割加工机床根据电极丝运动的方式可以分成快速走丝数控电火花线切割加工机床和慢速走丝数控电火花线切割加工机床两大类。

（1）快速走丝数控电火花线切割加工机床　快速走丝数控电火花线切割加工机床如图 5-12 所示。这类机床的线电极运行速度快（钼丝电极做高速往复运动时为 8~10m/s），而且是双向往返循环地运行，即成千上万次地反复通过加工间隙，一直使用到断线为止。线电极主要是钼丝，工作液通常采用乳化液，也可采用矿物油（切割速度低，易产生火灾）、去离子水等。线电极的快速运动能将工作液带进狭窄的加工缝隙，起到冷却作用，同时还能将加工的电蚀物带出加工间隙，以保持加工间隙的"清洁"状态，有利于切割速度的提高。相对来说，快速走丝数控电火花线切割加工机床结构比较简单。但是由于它的运丝速度快、机床的振动较大、线电极的振动也很大、导丝导轮耗损也大，给提高加工精度带来了较大的困难。另外，线电极在加工中的放电损耗也是不能忽视的，因而要得到高精度的加工和维持加工精度，也是相当困难的。

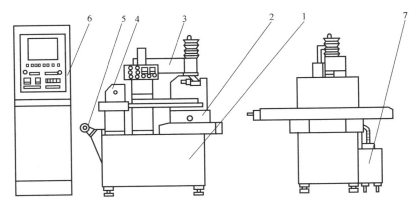

图 5-12　快速走丝数控电火花线切割加工机床

1—床身　2—工作台　3—丝架　4—储丝筒　5—走丝电动机　6—数控箱　7—工作液循环系统

数控线切割机床的床身是安装 X、Y 向工作台和走丝系统的基础，应有足够的强度和刚度。X、Y 向工作台由步进电动机经双片消隙齿轮、传动滚珠丝杠螺母副和滚动导轨实现 X、Y 方向的伺服进给运动。当电极丝和工件间维持一定间隙时，即产生火花放电。工作台的定位精度和灵敏度是影响加工曲线轮廓精度的重要因素。

走丝系统的储丝筒由单独电动机、联轴器和专门的换向器驱动做正反向交替运转，走丝速度一般为 $6\sim10\mathrm{m/s}$，并且保持一定的张力。

为了减小电极丝的振动，通常在工件的上下采用蓝宝石 V 形导向器或圆孔金刚石模导向器，其附近装有引电部分，工作液一般通过引电区和导向器再进入加工区，可使全部电极丝的通电部分冷却。

（2）慢速走丝数控电火花线切割加工机床　如图 5-13 所示，其运动速度一般为 $3\mathrm{m/min}$ 左右，最高为 $15\mathrm{m/min}$，可使用纯铜、黄铜、钨、钼和各种合金以及金属涂覆线作为线电极，直径为 $0.03\sim0.35\mathrm{mm}$。这种机床线电极只是单方向通过加工间隙，不重复使用，可避免线电极损耗给加工精度带来的影响。工作液主要用去离子水和煤油。使用去离子水生产率高，不会有起火的危险。慢速走丝数控电火花线切割加工机床由于能自动卸除加工废料、自动搬运工件、自动穿电极丝和自适应控制技术的应用，因而已能实现无人操作的加工。

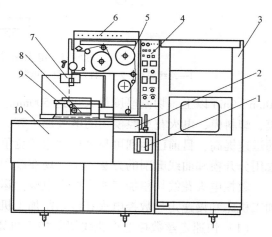

图 5-13　慢速走丝数控电火花线切割加工机床
1—工作液流量计　2—画图工作台　3—数控箱　4—电参数设定面板　5—走丝系统　6—放电电容箱
7—上丝架　8—下丝架　9—工作台　10—床身

5.5.3　化学与电化学加工

1. 化学加工

塑料模具型腔表面有时需要加工出图案、花纹、字符等。如果采用手工雕刻，不仅生产率低、劳动强度大，而且需要熟练的技能，若使用化学腐蚀技术，则可获得较好的效果。

化学加工是将模具零件被加工的部位浸泡在化学介质中，通过产生化学反应，将零件材料腐蚀溶解，从而获得所需要的形状和尺寸。采用化学加工时，应先将工件表面不加工的部位用耐腐蚀涂层覆盖起来，然后将工件浸渍于腐蚀液中，使没有被覆盖涂层的裸露部位的余量被腐蚀去除，达到加工的目的。常见的化学加工有照相腐蚀、化学铣削和光刻等。许多电器产品的塑料外壳上的字符、装饰图案等就是用这种方法加工模具型腔而得到的。

1）照相腐蚀是把所需图像摄影到照相底片上，然后经光化学反应，把图像转移（复制）到涂有感光胶的金属表面，再经坚膜固化处理使感光胶具有一定的耐蚀能力，最后经过化学腐蚀，即可获得所需图形的模具或金属表面。

照相腐蚀不仅直接用于模具型腔表面文字图案及花纹加工，而且也可用来加工电火花成形用的工具电极。

2）工艺过程。照相腐蚀工艺过程框图如图 5-14 所示，其主要工序包括照相、涂感光胶、曝光、显影、坚膜、腐蚀等。

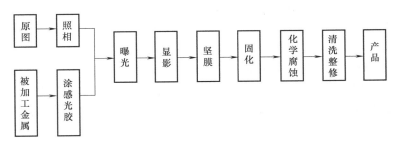

图 5-14　照相腐蚀工艺过程框图

① 照相。将所需图形按一定比例放大描绘在纸上，形成黑白分明的文字图案。为确保原图质量，一般都需放大几倍。然后通过照相，将原图按需要的尺寸大小缩小在照相底片上。照相底片一般采用涂有卤化银的感光底片。

② 涂感光胶。首先对需要加工的模具（或其他工件）表面进行去氧化层及去油污处理，然后涂上感光胶（如聚乙烯醇、骨胶、明胶等），待干燥后就可以贴底片曝光。

③ 曝光、显影与坚膜。曝光是将原图照相底片贴在涂有感光胶的工件表面，并用真空方法使其紧紧密合，然后用紫外光照射，使工件表面上的感光膜按图像感光。照相底片上的不透光部分由于挡住了光线照射，胶膜未参与光化学反应，仍是水溶性的；照相底片上的透光部分由于参与了光化学反应，使胶膜变成不溶于水的络合物。此后经过显影，把未感光的胶膜用水冲洗掉，使胶膜呈现出清晰的图像。为了提高显影后胶膜的耐蚀性，可将其放在坚膜液中进行处理。

上述贴底片及曝光过程对于平整的模具表面或电极表面是十分方便的。但模具型腔多为曲面，贴底片及曝光就不容易，一般需采用软膜感光材料做底片，并在图案及软膜上进行一定的技术处理后，才可以在曲面型腔上进行照相腐蚀加工。

④ 固化。经感光坚膜后的胶膜耐蚀能力仍不强，必须进一步固化。聚乙烯醇胶一般在 180℃ 下固化 15min，即呈深棕色。固化温度及时间随金属材料而异，铝板不超过 200℃，铜板不超过 300℃，时间为 5~7min，直至表面呈深棕色为止。

⑤ 化学腐蚀。经固化的工件放在腐蚀液中进行腐蚀，即可获得所需图像。腐蚀液成分随工件材料而异。为了保证加工的形状和尺寸精度，应在腐蚀液中添加保护剂，防止腐蚀液向侧向渗透，并形成直壁甚至向外形成坡度。腐蚀铜时用乙烯基硫脲和二硫化甲脒组成保护剂。

腐蚀成形结束后，经清洗去胶，然后擦干即加工结束。去胶一般采用氧化去胶法，即用强氧化剂（如硫酸与过氧化氢的混合液）将胶膜氧化破坏而去除，也有用丙酮、甲苯等有机溶剂去胶的。

化学加工的优点是可加工金属和非金属材料（如石板、玻璃等），不受材料硬度影响，加工后表面无变形、毛刺和加工硬化等现象，对难以通过机械加工的表面，只要腐蚀液能浸入都可以加工。但化学加工时腐蚀液和加工中产生的蒸气会污染环境，对人身和设备有危害作用，需采用适当的防护措施。

2. 电铸加工

电铸加工是将一定形状和尺寸的母模（胎模）放入电解液内，利用电镀的原理在母模上沉积适当厚度的金属层（镍层或铜层），然后将这层金属沉积层从母模上脱离下来，形成所需要的模具型腔或型面的一种加工方法。

电铸加工的优点是：复制精度很高，可获得尺寸和形状精度高、花纹细致、形状复杂的型腔或型面；母模可采用金属或非金属材料制造，也可直接用制品零件制造；可以制造形状复杂，用机械加工难以加工甚至无法加工的工件；电铸的型面具有较好的机械强度，且型面光洁、清晰，一般不需再进行光整加工；不需特殊设备，操作简单。但电铸厚度较薄（仅为 4~8mm），电铸周期长（如电铸镍的时间约一周），电铸层厚度不均匀，内应力较大，易变形。

3. 电解加工

电解加工是继电火花加工之后发展较快、应用较广泛的一项加工技术，目前国内外已成功地将其应用于模具、汽车、枪炮、航空发动机、汽轮机及火箭等机械制造行业中。

电解加工是利用金属在电解液中发生阳极溶解的原理将零件加工成形的一种方法。电解加工装置示意图如图 5-15 所示。加工时工件接直流电源的正极，工具电极（大多用碳素钢制成，其形状和尺寸根据加工零件的要求及加工间隙来确定）接直流电源的负极，工具电极（阴极）以一定的速度向工件（阳极）靠近，并保持 0.2~1mm 的间隙，由泵供给一定压力的电解液从两极间隙中快速流过。工件表面和工具电极相对应的部分在很高的电流密度下产生阳极溶解，电解产物立即被电解液冲走。工具电极不停地向工件进给，工件金属不断地被溶解，直到工件的加工尺寸及形状符合要求为止。

立柱式电解加工机床如图 5-16 所示，主要由立柱 1、主轴箱 2、工作箱 3、操作台 4 和床身 5 组成。

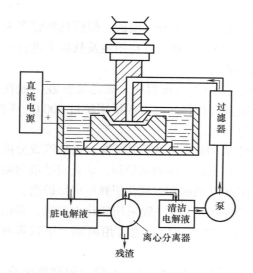

图 5-15　电解加工装置示意图

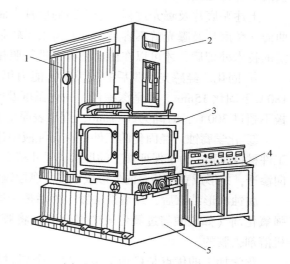

图 5-16　立柱式电解加工机床
1—立柱　2—主轴箱　3—工作箱　4—操作台　5—床身

电解加工的优点是：可加工淬火钢、高温合金、硬质合金等高硬度、高强度、高韧性、机械加工困难的金属；生产率高，一般用电解加工型腔比用电火花加工提高工效 4 倍以上；加工中工具电极和工件间无切削力存在，所以适用于加工刚度差而易变形的零件；加工过程中工具电极损耗很小，可长期使用。但电解加工时，工具电极的设计与制造较困难，加工不够稳定，加工精度不够高（一般平均精度达±0.1mm，表面粗糙度 Ra 为 $1.25\sim0.2\mu m$），附属设备较多，占地面积较大，电解液和电解产物对机床设备和环境有腐蚀及污染，需妥善处理。

4. 电解磨削加工

电解磨削是电解和机械磨削相结合的一种复合加工方法，其加工原理如图 5-17 所示。磨削时，工件接直流电源正极，导电磨轮接直流电源负极。导电磨轮与工件之间保持一定的接触压力，凸出的磨料使工件与导电磨轮的金属基体之间构成一定的间隙，电解液经喷嘴喷入间隙中。在加工过程中，导电磨轮不断地旋转，将工件表面因化学反应所形成的硬度较低的钝化膜刮去，使新金属露出，再继续产生化学反应，如此反复进行，直至达到加工要求。

电解磨床由机床、电解电源和电解液三部分组成，如图 5-18 所示。

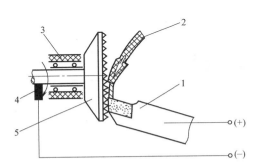
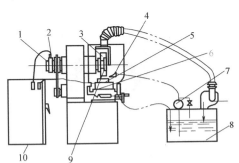

图 5-17　电解磨削加工原理
1—工件　2—喷嘴　3—绝缘层　4—电刷
5—导电磨轮

图 5-18　电解磨床结构图
1—集电环　2—电刷　3—导电磨轮　4—喷嘴
5—工件　6—工作台　7—泵　8—电解
液箱　9—绝缘主轴　10—直流电源

电解磨削的特点是加工精度高，表面质量好，无毛刺、裂纹、烧伤现象，表面粗糙度 Ra 可达 $0.012\sim0.1\mu m$；能够加工任何高硬度与高韧性的金属材料，且生产率高、磨削力小、砂轮寿命长。电解磨削存在的问题是机床等设备需要增加防锈措施，磨轮的刃口不容易磨锋利，电解液有污染，工人劳动条件差。

5.6　模具的其他加工

5.6.1　陶瓷型铸造成形

陶瓷型铸造成形是在一般砂型铸造基础上发展起来的一种新的精密铸造方法。在模具制造中，它常用来成形塑料模、拉深模等模具的型腔。

陶瓷型铸造是用陶瓷浆料做造型材料灌浆成形，经喷烧和烘干后即完成造型工作，然后再用陶瓷型进行铸造，经合箱、浇注金属液铸成所需零件。如图 5-19 所示，陶瓷型铸造工艺过程为母模准备→砂套造型→灌浆（灌注陶瓷浆料）→起模→喷烧→烘干→合箱→浇注合金→铸件（所需的凹模或凸模）。

在陶瓷型铸造成形中，实际应用的陶瓷仅型腔表面一层是陶瓷材料，其余仍由普通铸造型砂构成。一般在陶瓷造型中先将这个砂型造好，即所谓"砂套"。如图 5-19 所示，砂

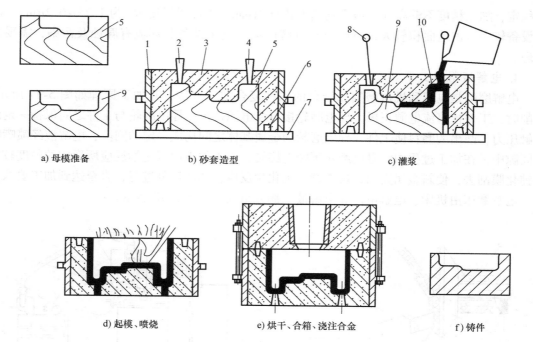

图 5-19 陶瓷型铸造工艺过程

1—砂箱 2、4—排气孔木模 3—水玻璃砂 5—粗母模 6—定位销 7—平板
8—通气针 9—精母模 10—陶瓷浆层

套造型时用粗母模,砂套造型完成后与精母模配合,形成 5~8mm 的间隙,此间隙即为所需浇注的陶瓷层厚度。

采用陶瓷型铸造工艺制造模具的特点是:大量减少了模具型腔制造时的切削加工,节约了金属材料,并且模具报废后可重熔浇注,便于模具的复制;生产周期短,一般有了母模后两三天内即可铸出铸件;工艺设备简单,投资不大;使用寿命一般不低于机械加工的模具。

5.6.2 挤压成形

冷挤压技术一般用来加工凹模的型腔。型腔冷挤压是在常温下利用装在压力机上经淬硬的成形凸模(也称为工艺凸模)在一定的压力和速度下挤压模具坯料,使之产生塑性变形而获得与成形凸模工作表面形状相同的型腔表面,如图 5-20 所示。

型腔冷挤压是利用金属塑性变形的原理得以实现的,是无切削加工方法,适用于加工低碳钢、中碳钢、非铁金属及有一定塑性的工具钢为材料的塑料模型腔和压铸模型腔。

型腔冷挤压工艺的特点是挤压过程简单、迅速,生产率高;加工精度高(可达 IT7 级以上),表面粗糙度值小(Ra 可达 $0.08~0.32\mu m$);可以挤压难以切削加工的复杂型腔、浮雕花纹、字体等;经冷挤压的型腔,材料纤维未

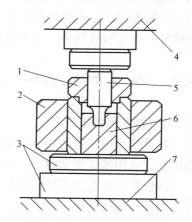

图 5-20 冷挤压成形示意图

1—导向套 2—模套 3—垫板
4—压力机上座 5—挤压凸模
6—坯料 7—压力机下座

被切断，因而金属组织细密，型腔的强度和耐磨性高。但型腔冷挤压的单位挤压力大，需要具有大吨位的挤压设备才能完成加工。

5.6.3 超塑成形

模具型腔超塑成形是近十多年来发展起来的一种制模技术，除了锌基和铝基合金超塑成形塑料模具外，钢基型腔超塑成形也取得了进展。

超塑成形的材料在一定的温度和变形速度下呈现出很小的变形抗力和远远超过普通金属材料的塑性，即超塑性，其伸长率可达 100%～2000%。锌铝合金 ZnAl22、ZnAl27 等经超塑处理后均具有优异的超塑性能，是制作塑料模具的较好材料。

模具型腔超塑成形的基本原理是：利用成形凸模（工艺凸模）慢慢挤压具有超塑性的模具坯料，并保持一定温度，便可在不大的压力下获得与凸模工作表面吻合很好的型腔。

超塑成形的特点是成形后的型腔表面光洁，表面粗糙度 Ra 可达 0.4～3.2μm；尺寸精确，公差等级可达 IT6～IT8；与型腔冷挤压相比，挤压力降低很多；可以成形难以通过机械加工、冷挤压或电加工成形的复杂型腔，成形的细微部分轮廓清晰；所制造的模具具有较高的综合力学性能和较长的使用寿命；模具从设计到加工都得到简化。但用于超塑成形的材料一般要经过超塑处理，超塑处理的过程较复杂且难以控制。

5.6.4 激光加工

激光加工产业每年以 20% 的速度增长，激光加工成为 21 世纪不可缺少和替代的重要加工技术。激光加工除了广泛用于企业生产线上的在线加工外，成立激光加工中心（LASER JOB SHOP）专门对外实施产品零部件的加工业务在国外已经非常普及。据不完全统计，全世界现拥有各种激光加工机 4 万多台，主要应用于汽车、电子、电器、航空、航天、机械、冶金、能源、交通等部门。激光加工服务业约有 6000 家激光加工中心，其中对外加工的激光加工中心在美国有 1800 家，从业人员约 7.52 万人，年收入 75 亿美元；欧洲约 900 家，日本约 1500 家，在中国台湾有 200 家。

激光加工技术是利用激光束与物质相互作用的特性对材料（包括金属与非金属）进行切割、焊接、表面处理、打孔及微加工等的一门加工技术。激光加工技术是涉及光、机、电、材料及检测等多门学科的一门综合技术。它的研究范围如下：

（1）激光加工系统　包括激光器、导光系统、加工机床、控制系统及检测系统。

（2）激光加工工艺　包括切割、焊接、表面处理、打孔、打标、划线、微调等各种加工工艺。

激光加工技术按应用可分为激光切割、激光焊接、激光打孔、激光热处理。激光热处理主要包括激光表面相变硬化（激光淬火）和激光退火、激光表面合金化和激光表面涂覆、激光标刻等。

1. 激光切割

激光切割是一种高能量、密度可控性好的无接触加工，具有切削速度快、切缝窄、切口光洁度高、变形小、热影响区小、效率高等特点。激光束对工件不施加任何力，是无接触切割工具，这就意味着工件无机械变形，无刀具磨损，也谈不上刀具的替换问题；切割材料无须考虑硬度，即激光切割能力不受被切削材料硬度影响，任何硬度的材料都可切割。激光束可控性强，并有高的适应性和柔性，因而与自动化装备相结合很方便，容易实现切割过程自动化，具有无限的仿形切割能力；与计算机结合，可整张板排料，节省材料。激光切割的深宽比对金属材料可达 20∶1 左右，对非金属材料可达 100∶1 以上。激光切割可进行高难度、复杂形状的自动化切割加工，既节省了模具又无须划线，不用刚性夹具，其加工精度高、重复性好，适应多品种、小批量生产的需要。

激光切割可以切割各种金属材料和非金属材料，如碳钢、不锈钢、合金钢、铝及其合金、塑料（聚合物）、橡胶、木材、石英、玻璃、陶瓷、石头等。采用强化工艺参数激光切割钢结硬质合金可获得满意的结果。激光切割不仅没有降低原有材料的硬度，而且在切边还形成一层比基体硬度高的特殊硬化层。

在汽车样车和小批量生产中大量使用二维激光束切割机对普通铝、不锈钢等薄板、带材进行切割加工，其切割速度已达 10m/min，不仅大大缩短了生产准备周期，而且使车间生产实现了柔性化。由于它的加工效率高，比机械加工方式的加工费用减少了 50%。

2. 激光焊接

激光焊接在汽车工业中已成为标准工艺。激光用于车身面板的焊接，可将不同厚度和具有不同表面涂镀层的金属板焊在一起，然后再进行冲压。这样制成的面板结构能达到最合理的金属组合。激光焊接的速度约为 4.5m/min，而且很少变形，省去了二次加工。激光焊接加快了用冲压零件代替锻造零件的过程。采用激光焊接，可以减少焊接宽度和一些加强部件，还可以压缩车身结构件本身的体积。仅此一项，车身的质量可减少约 50kg。激光焊接用于车顶外壳与框架焊接，转换器盖板的焊接，由 CNC 控制，其循环时间约为 16s，实际焊接时间仅为 3s，一天可连续运行 24h。

3. 激光打孔

激光打孔特别适合于加工微细深孔，最小孔径只有几微米，孔深与孔径之比可大于 50。激光打孔既适合于金属材料，也适用于硬质非金属材料，既能加工圆孔又能加工各种异形孔。

4. 激光热处理

激光热处理主要包括激光表面相变硬化（激光淬火）和激光退火，激光表面合金化和激光表面涂覆，激光标刻等。激光热处理后的工件变形量极小，表面光洁，无氧化皮产生。激光淬火后可获得极细的马氏体晶粒，其硬度要比常规淬火后的硬度提高 15%~20%，硬化层深度一般约为 1mm，心部仍保持原始组织。所以经激光热处理的工件表面层硬度高、耐磨性好，心部硬度低、韧性好，疲劳强度一般可提高 30%~50%。

激光表面合金化是将外加的合金元素熔化在工件表面的薄层内，形成具有特殊性能的合金化层，从而改变工件表面层的化学成分，以提高工件表面的耐磨损、耐蚀和抗高温氧化等性能，达到材料局部表面改性的目的。

激光表面涂覆是用激光使工件受损部位熔化，熔进与原材料相同的材料使其修复，或是应用激光作用于材料，使材料表面薄层熔化，同时在固液两态间保持极高的温度梯度，在急冷条件下使工件表面形成晶化或微晶化金属材料，有极为优异的电磁、化学、力学性能。

5.6.5 超声波加工

超声波加工（Ultrasonic Machining，USM）是利用超声振动的工具在有磨料的液体介质中或干磨料中，产生磨料的冲击、抛磨、液压冲击及由此产生的气蚀作用来去除材料，以及利用超声振动使工件相互结合的加工方法。

早期的超声波加工主要依靠工具做超声频振动，使悬浮液中的磨料获得冲击能量，从而去除工件材料，达到加工目的。但它的加工效率低，且随着加工深度的增加加工效率而显著降低。随着新型加工设备及系统的发展和超声波加工工艺的不断完善，人们采用从中空工具内部向外抽吸式向内压入磨料悬浮液的超声波加工方式，不仅大幅度提高了生产率，而且扩大了超声波加工孔的直径及孔深的范围。

近20多年来，国外采用的既做超声频振动，同时又绕本身轴线以 1000~5000r/min 的速度高速旋转的超声旋转加工，比一般超声波加工具有更高的生产率和孔加工的深度，同时直线性好、尺寸精度高、工具磨损小，除可加工硬脆材料外，还可加工碳化钢、二氧化铁和硼环氧复合材料以及不锈钢与钛合金叠层的材料等，目前已用于航空、原子能工业，效果良好。

(1) 超声波加工的基本原理　超声波加工时，高频电源连接超声换能器，将电振荡转换为同一频率、垂直于工件表面的超声机械振动，其振幅仅 0.005~0.01mm，再经变幅杆放大至 0.05~0.1mm，以驱动工具端面做超声振动。此时，在工具的超声振动和一定压力下，悬浮液中的磨料作用于加工区，使该处材料变形，直至击碎成微粒和粉末。同时，由于磨料悬浮液的不断搅动，促使磨料高速抛磨工件表面，又由于超声振动产生的空化现象，在工件表面形成液体空腔，促使混合液渗入工件材料的缝隙里，而空腔的瞬时闭合产生强烈的液压冲击，强化了机械抛磨工件材料的作用，并有利于加工区磨料悬浮液的均匀搅拌和加工产物的排除。随着磨料悬浮液不断地循环，磨料不断更新，加工产物不断排除，实现了超声波加工的目的。总之，超声波加工是磨料悬浮液中的磨料在超声振动下的冲击、抛磨和空化现象综合切蚀作用的结果。其中，以磨料不断冲击为主。由此可见，脆硬的材料受冲击作用容易被破坏，故尤其适于采用超声波加工。

(2) 超声波加工的应用　超声波加工是功率超声技术在制造业应用的一个重要方面，是一种加工如陶瓷、玻璃、石英、宝石、锗、硅甚至金刚石等硬脆性半导体、非导体材料的有效而重要的方法。即使是电火花粗加工或半精加工后的淬火钢、硬质合金冲模、拉丝模、塑料模具等，最终常用超声抛磨、光整加工。

20世纪50年代开始超声波加工实用性研究以来，其应用日益广泛。随着科技和材料工业的发展，新技术、新材料将不断涌现，超声波加工的应用也会进一步拓宽，发挥更大的作用。目前，它在生产上多用于以下几个方面。

1) 成形加工。超声波加工可加工各种硬脆材料的圆孔、型孔、型腔、沟槽、异形贯通孔、弯曲孔、微细孔、套料等。虽然其生产率不如电火花加工、电解加工，但加工精度及工件表面质量却优于电火花加工、电解加工。例如：生产上用硬质合金代替合金工具钢制造拉深模、拉丝模等模具，其寿命可提高 80~100 倍，采用电火花加工，工件表面常出现微裂纹，影响了模具表面质量和使用寿命，而采用超声波加工则无此缺陷，且尺寸精度可控制在 0.01~0.02mm，内孔锥度可修整至 8′。

对硅等半导体硬脆材料进行套料等加工，更显示了超声波加工的特色。例如：在直径90mm、厚 0.25mm 的硅片上，可套料加工出 176 个直径仅为 1mm 的元件，时间只需 1.5min，合格率高达 90%~95%，加工精度为 ±0.02mm。

此外，近年来，超声波加工已经排除其通向微细加工领域的障碍。日本东京大学工业科学学院采用超声波加工方法加工出微小透孔和玻璃上直径仅 9μm 的微孔。

2) 切割加工。超声精密切割半导体、铁氧体、石英、宝石、陶瓷、金刚石等硬脆材料比用金刚石刀具切割具有切片薄、切口窄、精度高、生产率高、经济性好的优点。例如：超声切割高 7mm、宽 15～20mm 的锗晶片，可在 3.5min 内切割出厚 0.08mm 的薄片；超声切割单晶硅片，一次可切割 10～20 片。再如：在陶瓷厚膜集成电路用的元件中，加工 8mm、厚 0.6mm 的陶瓷片，1min 内可加工 4 片；在 4mm×1mm^2 的陶瓷元件上，加工 0.03mm 厚的陶瓷片振子，0.5～1min 可加工 18 片，尺寸精度可达±0.02mm。

3）焊接加工。超声焊接是利用超声频振动作用去除工件表面的氧化膜，使新的本体表面显露出来，并在两个被焊工件表面分子的高速振动撞击下摩擦发热，焊接在一起。它不仅可以焊接尼龙、塑料及表面易生成氧化铝的铝制品等，还可以在陶瓷等非金属表面挂锡、挂银、涂覆薄层。由于超声焊接不需要外加热和焊剂，焊接热影响区很小，施加压力微小，故可焊接直径或厚度很小（0.015～0.03mm）的不同金属材料，也可焊接塑料薄纤维及不规则形状的热固性塑料。目前，大规模集成电路引线连接等已广泛采用超声焊接。

4）超声清洗。它主要用于几何形状复杂、清洗质量要求高的中、小精密零件，特别是零件上的深小孔、微孔、弯孔、不通孔、沟槽、窄缝等部位的精清洗。采用其他清洗方法效果差，甚至无法清洗，采用超声清洗则效果好、生产率高。目前，它应用在半导体和集成电路元件、仪表仪器零件、电真空器件、光学零件、精密机械零件、医疗器械、放射性污染等的清洗中。

一般认为，超声清洗是由于清洗液（水基清洗剂、氯化烃类溶剂等）在超声波作用下产生空化效应，空化效应产生的强烈冲击波直接作用到被清洗部位上的污物等并使之脱落下来；空化效应产生的空化气泡渗透到污物与被清洗部位表面之间，促使污物脱落；在污物被清洗液溶解的情况下，空化效应可加速溶解过程。

超声清洗时，应合理选择工作频率和声压强度，以产生良好的空化效应，提高清洗效果。此外，清洗液的温度不可过高，以防空化效应减弱，影响清洗效果。

5.7 快速原型制造

快速原型制造（Rapid Prototyping Manufacturing），又称为 RP，诞生于 20 世纪 80 年代后期，是基于材料堆积法的一种高新制造技术，被认为是近 20 年来制造领域的一个重大成果。

RP 技术综合了机械工程、CAD、数控技术、激光技术及材料科学技术，可以自动、直接、快速、精确地将设计思想转变为具有一定功能的原型或直接制造零件，从而可以对产品设计进行快速评估、修改及功能试验。在快速原型制造技术领域中，目前发展最迅速、产值增长最明显的应属快速模具（Rapid Tooling，RT）技术。传统模具制造的方法很多，由于工艺复杂、加工周期长、费用高而影响了新产品对于市场的响应速度。而传统的快速模具（如中低熔点合金模具、电铸模、喷涂模具等）又因其工艺粗糙、精度低、寿命短，所以很难完全满足用户的要求。因此，应用快速原型制造技术制造快速模具，在最终生产模具之前进行新产品试制与小批量生产，可以大大提高产品开发的一次成功率，有效地缩短开发时间，节约开发费用，使快速模具技术具有很好的发展条件。

1. 快速原型制造简介

快速原型制造又称为层加工（Layered Manufacturing），其基本原理是根据三维 CAD 模型对其进行分层切片，从而得到各层截面的轮廓，依照这样的截面轮廓，用计算机控制激光束固化一层层的液态光敏树脂（或切割一层层的纸，烧结一层层的粉末材料），或利用某种热源有选择性地喷射出一层层热熔材料，从而形成各种不同截面并逐步叠加成三维产品。快速原型制造弥补了现存的、传统的材料切削加工方法的不足。其不含有切削、装夹和其他一些操作，从而可以节省大量的时间，所以称为快速制造。

国内外已较为成熟的快速制造技术的具体工艺有 30 多种，按照采用材料及对材料处理方式的不同，可归纳为以下六种方法。

（1）立体印刷（Stereo Lithography Apparatus，SLA） 它又称为立体光刻、光造型，其原理如图 5-21 所示。树脂槽中盛满液态光敏树脂，它在一定剂量的紫外激光照射下就会在一定区域内固化。成型开始时，工作平台在液面下，聚焦后的激光光点在液面上按计算机的指令逐点扫描，在同一层内则逐点固化。当一层扫描完成后被照射的地方就固化，未被照射的地方仍然是液态树脂。然后升降架带动平台再下降一层高度，上面又布满一层树脂，以便进行第二层扫描，新固化的一层牢固地粘在前一层上，如此重复直到三维零件制

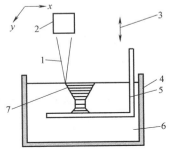

图 5-21　SLA 原理

1—激光束　2—扫描镜　3—z 轴升降　4—树脂槽　5—工作平台　6—光敏树脂　7—零件原型

作完成。立体印刷制作精度目前已可达±0.1mm 左右，较广泛地用来为产品和模型的 CAD 设计提供样件和试验模型。

SLA 是最早出现的一种 RP 工艺，目前是 RPM 技术领域中研究最多、技术最为成熟的方法。但这种方法有其自身的局限性，如需要支撑、树脂收缩导致精度下降、光固化树脂有一定的毒性而不符合绿色制造发展趋势等。

（2）分层实体制造（Laminated Object Manufacturing，LOM） LOM 是根据零件分层几何信息切割箔材和纸等，将所获得的层片粘接成三维实体，其原理如图 5-22 所示。首先铺上一层纸，然后用 CO_2 激光在计算机控制下切出本层轮廓，非零件部分全部切碎以便于去除。当本层完成后，再铺上一层纸，用滚子碾压并加热，以固化粘结剂，使新铺上的一层牢固地粘接在已成型体上，再切割该层的轮廓，如此反复直到加工完毕，最后去除切碎部分以得到完整的零件。LOM 的关键技术是控制激光

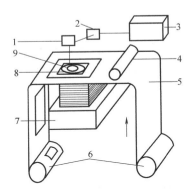

图 5-22　LOM 原理

1—x-y 扫描系统　2—光路系统　3—激光器　4—加热器　5—纸料　6—滚筒　7—工作平台　8—边角料　9—零件原型

的光强和切割速度，使它们达到最佳配合，以便保证良好的切口质量和切割深度。

美国亥里斯公司开发的纸片层压式快速成型制造工艺以纸作为制造模具的原材料，它是连续地将背面涂有热溶性粘结剂的纸片逐层叠加，裁切后形成所需的立体模型，具有成本低、造型速度快的特点，适宜办公环境使用。LOM 模具具有与木模同等水平的强度，可与木模一样进行钻削等机械加工，也可以进行刮泥子等修饰加工。

（3）选择性激光烧结（Selective Laser Sintering，SLS） SLS 采用 CO_2 激光器，使用的材

料为多种粉末材料，可以直接制造真空注射模，其原理如图 5-23 所示。先在工作台上铺上一层粉末，用激光束在计算机控制下有选择地进行烧结（零件的空心部分不烧结，仍为粉末材料），被烧结部分便固化在一起构成零件的实心部分。一层完成后再进行下一层，新一层与上一层被牢牢地烧结在一起。全部烧结完成后，去除多余的粉末，便得到烧结成的零件（模具）。SLS 常采用的材料为尼龙、塑料、陶瓷和金属粉末，其制作精度目前可达到 ±0.1mm 左右。该方法的优点是由于粉末具有自支撑作用，不需要另外支撑，而且材料广泛，不仅能生产塑料零件，还可以直接生产金属和陶瓷零件。

（4）熔融沉积成形（Fused Deposition Modeling，FDM）　熔融沉积成形是一种不使用激光器的加工方法，其原理如图 5-24 所示，技术关键在于喷头，喷头在计算机控制下做 x-y 联动扫描以及 z 向运动，丝材在喷头中被加热并略高于其熔点。喷头在扫描运动中喷出熔融的材料，快速冷却形成一个加工层并与上一层牢牢连接在一起。这样层层扫描叠加便形成一个空间实体。FDM 法的关键是保护半流动成形材料刚好在凝固温度点，通常控制在比凝固温度高 1℃ 左右。FDM 技术的最大优点是速度快。此外，整个 FDM 成形过程是在 60~300℃ 下进行的，没有粉尘，也无有毒化学气体、激光或液态聚合物的泄漏，适宜办公室环境使用。

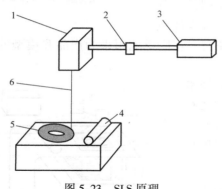

图 5-23　SLS 原理

1—扫描镜　2—透镜　3—激光器　4—压平辊子
5—零件原型　6—激光束

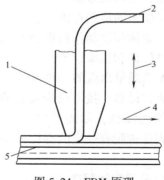

图 5-24　FDM 原理

1—喷头　2—丝材　3—z 向送丝
4—x-y 驱动　5—零件原型

FDM 制作生成的原型适合工业上各种各样的应用，如概念成形、原型开发、精铸蜡模和喷镀制模等。

（5）三维打印（Three-Dimensional Printing，3D-P）　三维打印也称为粉末材料选择性粘接，其原理如图 5-25 所示。喷头在计算机的控制下，按照截面轮廓的信息，在铺好的一层粉末材料上有选择性地喷射粘结剂，使部分粉末粘接，形成截面层。一层完成后，工作台下降一个层厚，铺粉，喷粘结剂，再进行后一层的粘接，如此循环形成三维产品。粘接得到的制件要置于加热炉中进一步固化或烧结，以提高粘接强度。

（6）固基光敏液相法（Solid Ground Curing，SGC）　固基光敏液相法的工艺原理如图 5-26所示，一层的成形过程分五步来完成：添料、掩膜紫外光曝光、清除未固化原料、向空隙处填充蜡料、磨平。掩膜的制造采用了离子成像技术，因此同一底片可以重复使用。由于过程复杂，SGC 成形机是所有成形机中最庞大的一种。

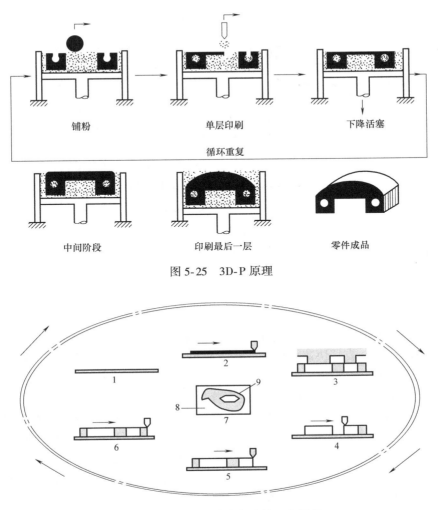

铺粉   单层印刷   下降活塞

循环重复

中间阶段   印刷最后一层   零件成品

图 5-25   3D-P 原理

图 5-26   固基光敏液相法的工艺原理

1—加工面   2—均匀添加光敏液材料   3—掩膜紫外光曝光   4—清除未固化原料

5—填蜡   6—磨平   7—成形件   8—蜡   9—零件

     SGC 每层的曝光时间和原料量是恒定的，因此应尽量排满零件。由于多余的原料不能重复使用，若一次只加工一个零件会很浪费。蜡的添加可省去设计支撑结构。逐层曝光比逐点曝光要快得多，但由于多步骤的影响，在加工速度上提高不是很明显，只有在加工大零件时才体现出优越性。

     2. 快速模具制造简介

     目前快速模具制造主要分为间接快速模具制造和直接快速模具制造两大类，如图 5-27 所示。间接快速模具制造用快速成形制作母模或过渡模，再通过传统的模具制造方法来制造模具；直接快速模具制造是用 SLS、FDM、LOM 等快速成形工艺方法直接制造出树脂模、陶瓷模和金属模。

     （1）直接快速模具制造   直接快速模具制造是指利用不同类型的快速原型技术直接制造出模具本身，然后进行一些必要的后处理和机加工以获得模具所要求的力学性能、尺寸精

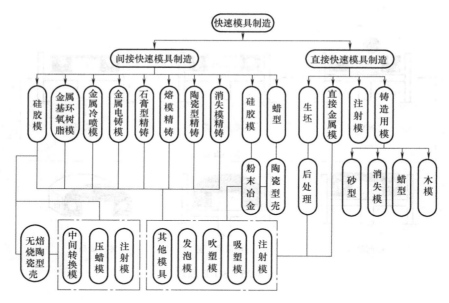

图 5-27　快速模具制造

度和表面粗糙度。目前能够直接制造金属模具的快速原型工艺包括选择性激光烧结（SLS）、三维打印（3D-P）等。直接快速模具制造环节简单，能够较充分地发挥快速原型技术的优势，特别是与计算机技术密切结合，能够快速完成模具制造。对于那些需要复杂形状的内流道冷却的注射模具，采用直接快速模具制造有着其他方法不能替代的独特优势。例如：LOM制成的纸基原型，其性能接近木模，经表面处理后可直接用于砂型铸造，适合复杂形状的中小批量铸件生产；SLA 可以直接制造真空注射模，适用于成型过程温度低于 60℃ 的塑料零件；利用 SLA 和 FDM 还可直接制作压铸模，用于小批量失蜡铸造的蜡模压制。

利用快速原型技术直接制造模具的最典型的工艺方法是美国 DTM 公司的快速模具专利技术，它能在 5~10 天内制造出生产用的注射模，其主要步骤如下。

1）利用三维 CAD 模型先在烧结站制作产品零件的原型，并进行评价和修改，然后将产品零件设计转换成为模芯设计，并将模芯的 CAD 文件转换成 STL 格式，输入烧结站。

2）烧结站的计算机系统对模芯 CAD 文件进行处理，按照切片后的轮廓将粉末烧结成模芯的半成品。

3）将制作好的模芯半成品放进聚合物溶液中，进行初次浸渗，烘干后放入气体控制熔炉，将模芯半成品内含有的聚合物蒸发，然后渗铜，即可获得全密度的模芯。

4）打磨模腔，将模芯镶入模坯，完成注射模的制造。

使用快速制模法制造的模具内腔硬度高于 75HRC，如正确使用，可注射零件 50000 件以上，属于能直接用于批量生产的模具。

但是，直接快速模具制造在模具精度和性能控制方面比较困难，特殊的后处理设备与工艺使成本提高较多，模具的尺寸也受到较大的限制。与之相比，间接快速模具制造通过快速原型技术与传统的模具制造技术相结合制造模具。由于这些成熟的制造技术的多样性，可以根据不同的应用要求，使用不同复杂程度和成本的工艺，一方面可以较好地控制模具的精度、表面质量、力学性能与使用寿命，另一方面也可以满足经济性的要求。

（2）间接快速模具制造 用快速原型制母模，浇注蜡、硅橡胶、环氧树脂、聚氨酯等软材料可构成软模具。例如：金属与环氧树脂的混合材料在室温下呈胶体状，能在室温下浇注和固化，因此特别适合用来复制模具。用这种合成材料制造的注射模，其使用寿命可达50~5000次。

用室温固化硅橡胶制作注射模时，寿命一般仅为10~25次。采用硫化硅橡胶模进行低熔点合金铸造时，模具寿命一般为200~500次。几种常用简易模具的性价参数见表5-2。

表 5-2 几种常用简易模具的性价参数

模具类型	相对制造成本	制造周期/周	模具寿命/次
硅胶模	5	2	30
金属树脂模	9	4~5	3000
电弧热喷模	25	6~7	1000
镍蒸发沉淀模	30	6~7	5000
全金属模	60	15~25	8万~18万

用快速原型制作母模或软模具与熔模铸造、陶瓷型精密铸造、电铸、冷喷等传统工艺结合，即可制成硬模具，能批量生产塑料件或金属件。硬模具通常具有较好的可加工性，可进行局部切削加工，以便获得更高的精度，并可嵌入镶块、冷却部件和浇道等。

1）硅胶模。以原型为原样件，采用硫化的有机硅橡胶浇注，直接制造硅橡胶模具。由于硅橡胶具有良好的柔性和弹性，对于结构复杂、花纹精细、无脱模斜度或具有倒脱模斜度以及具有深凹槽的零件来说，制件浇注完成后均可直接取出，这是其相对于其他模具的独特之处。它的工艺过程如下。

制作原型，对原型进行表面处理，使其具有较好的表面质量→固定放置原型、模框，在原型表面涂脱模剂→将硅橡胶混合体放置在真空装置中，抽去其中的气泡，浇注硅橡胶混合体，得到硅橡胶模具→硅橡胶固化→沿分型面切开硅橡胶，取出原型。如发现模具具有少数的缺陷，可用新调配的硅橡胶修补。

2）树脂型复合模。这种方法是以液态的环氧树脂与有机或无机的材料复合作为基体材料，并以原型为基准浇注模具的一种制模方法。它的工艺过程如下。

原型的制作及表面处理→设计制作模框→选择和设计分型面→在原型表面刷脱模剂（包括分型面）→刷胶衣树脂，目的是防止模具表面受摩擦、碰撞，大气老化和介质腐蚀等，使得模具在实际使用中安全、可靠→浇注凹模→当凹模制造完成后，倒置，同样需在原型表面及分型面上均匀涂脱模剂及胶衣树脂→分开模具。在常温下浇注的模具，一般1~2天基本固化定型后，即能分模、取出原型、修模。

对于具有高耐热性、高耐磨性的金属树脂来说，常温固化的环氧树脂常不能满足要求，为此需先用高温固化的环氧树脂。这对于用光敏树脂制作的原型来说，势必带来问题。因为其在70~80℃开始软化，为此需用一过渡模芯。过渡模芯常用环氧树脂、石膏、硅橡胶、聚氨酯等制成，以石膏和硅橡胶模芯较多。这种环氧树脂模具制造技术具有工艺简单、模具传导率高、强度高及型面不加工的特点，适宜于塑料注射模、薄板拉深模及吸塑模和聚氨酯发泡成型模具。

3）金属喷涂模。以原型为样模，将熔化金属充分雾化后以一定的速度喷射到样模表面，形成模具型腔表面，背衬充填复合材料，用填充铝的环氧树脂或硅橡胶支撑，将壳与原型分离，得到精密的模具，并加入浇注系统和冷却系统等，连同模架构成注射模具。它的特点是工艺简单、周期短；型腔及其表面精细花纹一次同时形成；省去了传统模具加工中的制图、数控加工和热处理等昂贵、费时的步骤，不需机加工；模具尺寸精度高，缩短了周期，节约了成本。

4）化学粘结陶瓷浇注型腔模。它的工艺过程为：用快速原型系统制作母模→浇注硅橡胶、环氧树脂、聚氨酯等软材料，构成软模→移去母模，在软模中浇注化学粘结陶瓷（CBC，陶瓷基合成材料）型腔→在205℃下固化CBC型腔→型腔表面抛光→加入浇注系统和冷却系统等→小批量生产用注射模。

这种化学粘结陶瓷型腔的寿命约为300次。

5）用陶瓷或石膏模浇注钢或铸铁型腔。它的工艺过程为：用快速原型系统制作母模→浇注硅橡胶、环氧树脂、聚氨酯等软材料，构成软模→移去母模→在软模中浇注陶瓷或石膏模→浇注钢或铸铁型腔→型腔表面抛光→加入浇注系统和冷却系统等→批量生产用注射模。

陶瓷型铸造的优点在于工艺装备简单，所得铸型具有极好的复印性和较好的表面质量以及较高的尺寸精度。它特别适合于零件的小批量生产、复杂形状零件的整体成形制造、工模具制造以及难加工材料的成形。

6）熔模铸造法制造钢式铸铁模。

① 制作单件钢式铸铁型腔的工艺过程为：用快速原型系统制作母模→浸母模于陶瓷砂液，形成模壳→在炉中固化模壳，烧去母模→在炉中预热模壳→在模壳中浇注钢式铸铁型腔→型腔表面抛光→加入浇注系统和冷却系统等→批量生产用注射模。

② 制作多件钢式铸铁型腔的工艺过程为：用快速原型系统制作母模→用金属表面喷镀，或铝基合成材料，硅橡胶、环氧树脂、聚氨酯浇注法，构成蜡模的成形模→在成形模中，用熔化蜡浇注蜡模→浸蜡模于陶瓷砂液，形成模壳→在炉中固化模壳，熔化蜡模→在炉中预热模壳→在模壳中浇注钢式铸铁型腔→型腔表面抛光→加入浇注系统和冷却系统等→批量生产用注射模。

它的优点在于可以利用原型制造形状非常复杂的零件。

7）化学粘结钢粉浇注型腔模。它的工艺过程为：用快速原型系统制作纸质母模→浇注硅橡胶、环氧树脂、聚氨酯等软材料，构成软模→与母模分离→在软模中浇注化学粘结钢粉型腔，在炉中烧除型腔内的粘结剂，浇注钢粉→型腔渗铜→型腔表面抛光→加入浇注系统和冷却系统等→批量生产用注射模。

8）模具电火花加工电极制作。用快速原型技术制作电火花加工用的电极，也是制造业十分重要的一个应用方面。通过喷镀或涂覆金属、粉末冶金、精密铸造、浇注石墨或特殊研磨，可制作金属电极、石墨电极或直接作为模具型腔。用快速原型技术制造出的石墨电极精度高，表面质量及尺寸一致性好，而且比机械加工方法的速度快、成本低、污染小。电极制作通常有如下方法。

① 研磨法。用快速原型系统制作母模→在母模中充入环氧树脂和碳化硅粉的混合物，构成研磨模（砂轮)→固化研磨模，与母模分离→在研磨机上研磨出石墨电极。

② 精密铸造法。用快速原型系统制造母模→在母模中充入蜡，构成蜡模→用失蜡铸造工艺构成纯铜电极。

③ 电铸法。用快速原型系统制作母模→通过电解液使铜沉淀在原型表面，与原型分离，

得到电极壳体→在电极壳体的下工作表面镀纯铜，将电动机固定座与电极壳体连接，构成金属电极。

④ 粉末冶金法。用快速原型系统制造母模→在母模中充入钨铬钴合金钢（或 A6 工具钢、铜钨合金）粉→用液压机压实合金粉→从母模中取出压实后的合金粉模→在高温炉中烧结合金粉模→构成金属电极。

⑤ 浇注法。用快速原型系统制作母模→在母模中充入石墨粉与粘结剂的混合物→固化石墨粉→构成石墨电极。

5.8 模具表面的精饰加工

5.8.1 研磨与抛光

在模具制造过程中，形状加工后的光滑加工和镜面加工称为零件表面的研磨与抛光加工。它是提高模具表面质量及使用寿命的重要工序。

研磨与抛光的目的如下。

1）提高塑料模具型腔的表面质量，以满足塑件质量要求。

2）提高塑料模具浇注系统的表面质量，以降低注射的流动阻力。

3）使塑件易于脱膜。

4）提高模具接合面精度，防止树脂渗漏。

5）在金属塑性成形加工中，防止出现沾粘，提高成型性，并使模具工作零件型面与工件之间的摩擦和润滑状态良好。

6）去除电加工时所形成的熔融再凝固层和微裂纹，以防止在生产过程中此层脱落而影响模具精度和使用寿命。

7）减少由于局部过载而产生的裂纹或脱落，提高模具工作零件的表面强度和模具寿命，同时还可防止产生锈蚀。

1. 研磨

研磨是利用涂敷或压嵌在研具上的磨料颗粒，通过研具与工件在一定压力下的相对运动对加工表面进行的精整加工（如切削加工）。研磨可用于加工各种金属和非金属材料，加工的表面有平面，内、外圆柱面和圆锥面，凸、凹球面，螺纹，齿面及其他型面。加工尺寸公差可达 IT50~IT1 级，表面粗糙度 Ra 可达 $0.63 \sim 0.01\mu m$。

研磨是一种重要的进行精饰加工的工艺方法。一般来说，研磨同其他机械加工方法，如车、钳、铣、刨、磨比较，具有加工余量小、精度高、研磨运动速度慢和研具比工件材质软等特点。

研磨剂由磨料、研磨液（煤油或煤油与机油的混合液）及适量辅料（硬脂酸、油酸或工业甘油）配制而成。研磨钢时，粗加工用碳化硅或白刚玉，淬火后的精加工则使用氧化铬或金刚石粉作为磨料。磨料粒度选择，见表 5-3。

表 5-3 磨料粒度选择

粒度	能达到的表面粗糙度 $Ra/\mu m$	粒度	能达到的表面粗糙度 $Ra/\mu m$
F100、F120	0.8	F360~F500	0.20~0.10
F120~F320	0.8~0.20	≤F500	≤0.10

研磨工具根据不同情况可用铸铁、铜或铜合金等制作。对一些不便进行研磨的细小部分，如凹入的文字、花纹，可将研磨剂涂于这些部位，用铜刷反复刷擦进行加工。

（1）研磨的工作原理　研磨加工时，在研具和工件表面间存在着分散的磨料或研磨剂，在两者之间施加一定的压力，并使其产生复杂的相对运动，这样经过磨粒的切削作用和研磨剂的化学和物理作用，在工件表面上即可去掉极薄的一层，获得较高的尺寸精度和较低的表面粗糙度值。

研磨时的金属去除过程，除磨粒的切削作用外，还常常伴随着化学或物理作用。在湿研磨时，所用的研磨剂内除了有磨粒外，还常加有油酸、硬脂酸等酸性物质，这些物质会使工件表面产生一层很软的氧化物薄膜。钢铁成膜时间只要 0.05s，凸点处的薄膜很容易被磨料去除，露出的刚加工完的表面很快被继续氧化，继续被去掉，如此循环，加速了去除的过程。除此之外，研磨时在接触点处的局部高温高压，也有可能产生局部挤压作用，使高点处的金属流入低点，降低工件表面粗糙度值。

（2）研磨的分类

1）湿研磨。湿研磨即在研磨过程中将研磨剂涂抹在研具或工件上，用分散的磨粒进行研磨，是目前最常用的研磨方法。研磨剂中除磨粒外，还有煤油、机油、油酸、硬脂酸等物质。磨粒在研磨过程中有的嵌入了研具，极个别的嵌入了工件，但大部分存在于研具与工件之间，如图 5-28a 所示。此时磨粒的切削作用以滚动切削为主，生产率高，但加工出的工件表面一般没有光泽。加工的表面粗糙度 Ra 一般达到 $0.025\mu m$。

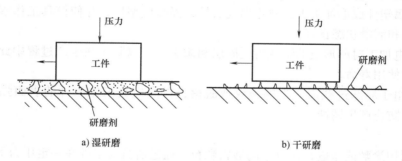

图 5-28　湿研磨与干研磨

2）干研磨。干研磨即在研磨以前，先将磨粒压入研具，用研具对工件进行研磨。这种研磨方法一般在研磨时不加其他物质，进行干研磨，如图 5-28b 所示。磨粒在研磨过程中基本固定在研具上，它的切削作用以滑动切削为主。研磨时磨粒的数目不能很多，且均匀地压在研具的表面上形成很薄的一层，在研磨的过程中始终嵌在研具内，很少脱落。这种方法的生产率不如湿研磨高，但可以达到很高的尺寸精度和很低的表面粗糙度值。

2. 抛光

抛光加工多用来使工件表面显现光泽。在抛光过程中，化学作用比在研磨中要显著得多。抛光时，工件的表面温度比研磨时要高（抛光速度一般比研磨速度高），有利于氧化膜的迅速形成，从而能很快地获得较高表面质量。

抛光可以选用较软的磨料。例如：在湿研磨的最后，用氧化铬进行抛光，这种研磨剂粒度很细，硬度低于研具和工件，在抛光过程中不嵌入研具和工件，完全处于自由状态。由于磨料的硬度低于工件的硬度，所以磨料不会划伤工件表面，可以获得很高的表面质量。因此，抛光主要是利用化学和物理作用进行加工的，即与被加工表面产生化学反应形成很软的薄膜来进行加工。

模具工作型面的精度和表面质量要求越来越高，尤其是长寿命、高精度模具，精度已经要求达到微米级，其成形表面可以采用超精密磨削达到设计要求，但异型和高精度的模具工作表面都需要进行抛光加工。

模具成形表面的粗糙度对模具寿命和制造质量都有较大影响。磨削成形表面不可避免地要留下磨痕、裂纹和伤痕等缺陷。这些缺陷对于某些精密模具影响较大，它们会造成模具刃口崩刃，尤其是硬质合金材料对此反应更为敏感。为消除这些缺陷，应在磨削后进行抛光处理。

各种中小型冲模和型腔模的工作型面采用电火花和线切割加工之后，成形表面形成一层薄薄的变质层，变质层上的许多缺陷也需要用抛光来去除，以保证成形表面的精度和表面质量。

抛光加工是模具制造过程中的最后一道工序。抛光工作的好坏直接影响模具使用寿命、成形制品的表面光泽度、尺寸精度等。抛光加工一般依靠钳工来完成，传统方法是用锉刀、砂纸、磨石或电动软轴磨头等。随着现代制造技术的发展，引用了电解、超声波加工等技术，出现了电解抛光、超声波抛光以及机械-超声波抛光等抛光新工艺，可以减轻劳动强度，提高抛光速度和质量。下面介绍几种常用的抛光工艺。

（1）手工抛光　手工抛光主要有以下几种方式。

1）用磨石抛光。磨石抛光主要是对型腔的平坦部位和槽的直线部分进行抛光。抛光前应做好以下准备工作。

① 选择适当的磨料。

② 应根据抛光面大小选择适当大小的磨石，以使磨石能纵横交叉运动。当磨石形状与加工部位的形状不相吻合时，需用砂轮修整器对磨石形状进行修整。

抛光过程中由于磨石和工件紧密接触，磨石的平面度将因磨损而变差，对磨损变钝的磨石应及时在铁板上用磨料加以修整。

用磨石抛光时为获得一定的润滑冷却作用，常用 LANl5 全损耗系统用油作为抛光液。精加工时可用 LANl5 全损耗系统用油 1 份、煤油 3 份、汽轮机油或锭子油少量，再加入适量的轻质矿物油或变压器油。

在加工过程中要经常用清洗油对磨石和加工表面进行清洗，否则会因磨石气孔堵塞而使加工速度下降。

2）用砂纸抛光。手持砂纸，压在加工表面上做缓慢运动，以去除机械加工的切削痕迹，使表面粗糙度值减小，这是一种常见的抛光方法。操作时也可用软木压在砂纸上进行抛光。根据不同的抛光要求，可采用不同粒度的氧化铝、碳化硅及金刚石砂纸。抛光过程中，必须经常对抛光表面和砂纸进行清洗，并按照抛光的程度更换不同粒度的砂纸。

（2）电解接触抛光　电解接触抛光（或称为电解修磨）是电解抛光的形式之一，是利用通电后的电解液在工件（阳极）与金刚石抛光工具（阴极）间流过，发生阳极溶解作用来进行抛光的一种表面加工方法。

电解接触抛光装置如图 5-29 所示，一块与直流电源正极相连的磁铁 7 吸附在工件 8 上面，修磨工具由带有喷嘴的手柄 2 和磨头 3 组成，磨头连接负极。电源 4 供应低压直流电，输出电压为30V，电流为10A，外接一个可调的限流电阻5。离心式水泵13将电解液箱9内的电解液通过控制流量的阀门1输送到工件与磨头两极之间。电解液可将电解产物冲走，并从工作槽6通过回液管10流回电解液箱中，箱中设有隔板12，起到过滤电解液的作用。

加工时握住手柄，使磨头在被加工表面上慢慢滑动，并稍加压力，工具磨头表面上敷有一层绝缘的金刚石磨粒，防止两电极接触时发生短路，如图5-30所示。当电流及电解液在两极间通过时，工件表面发生电化学反应，溶解并生成很薄的氧化膜。这层氧化膜被移动着的工具磨头上的磨粒刮除，使工件表面露出新的金属表面，并继续被电解。刮除氧化膜和电解作用如此交替进行，达到抛光表面的目的。抛光速度为 $0.5 \sim 2cm^2/min$，抛光后的工件应立即用热水冲洗，如再用磨石加工，表面粗糙度 Ra 能较容易地达到 $0.63 \sim 0.32\mu m$。

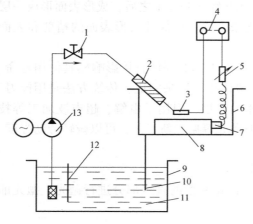

图 5-29 电解接触抛光装置

1—阀门 2—手柄 3—磨头 4—电源 5—限流电阻
6—工作槽 7—磁铁 8—工件 9—电解液箱 10—回
液管 11—电解液 12—隔板 13—离心式水泵

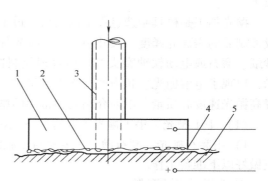

图 5-30 电解接触抛光原理

1—磨头（阴极） 2—磨料 3—电解液管
4—电解液 5—工件（阳极）

电解液常用每升水中溶入 $150g$ 硝酸钠（$NaNO_3$）、$50g$ 氯酸钠（$NaClO_3$）制成。

电解接触抛光不会使工件产生热变形或应力；工件表面的硬度不影响溶解速度，对模具型腔不同的部位及形状可选用相适应的磨头，操作灵活；工作电压低，电解液无毒，生产安全。但它仍是手工操作，去除硬化层后，一般还需手工抛光达到要求；人造金刚石寿命长，刃口锋利，去除电加工硬化层效果很好，但容易使表面产生划痕，对减小加工表面粗糙度值不利。

（3）超声波抛光 人耳能听到的声波频率为 $16 \sim 16000Hz$，频率低于 $16Hz$ 的声波为次声波，频率超过 $16000Hz$ 的声波为超声波。用于加工和抛光的超声波频率为 $16000 \sim 25000Hz$。超声波和普通声波的区别是频率高、波长短、能量大和有较强的束射性。

超声波抛光是超声波加工的一种形式。超声波加工是利用超声振动的能量通过机械装置对工件进行加工。

超声波抛光装置如图5-31所示，由超声波发生器、换能器、变幅杆、工具等部分组成。超声波发生器将 $50Hz$ 的交流电转变为有一定功率输出的超声频电振荡，以给工具提供振动能量。换能器将输入的超声频电振荡转换成机械振动，并将其超声机械振动传送给变幅杆

（又称为振幅扩大器）加以放大，再传至固定在变幅杆端部的工具，使工具产生超声频振动。

散粒式超声波抛光如图 5-31a 所示，在工具与工件之间加入混有金刚砂、碳化硼等磨料的悬浮液，在具有超声频率振动的工具作用下，颗粒大小不等的磨粒将产生不同的激烈运动，大的颗粒高速旋转，小的颗粒产生上、下、左、右的冲击跳跃，对工件表面均起到细微的切削作用，使加工表面平整光滑。

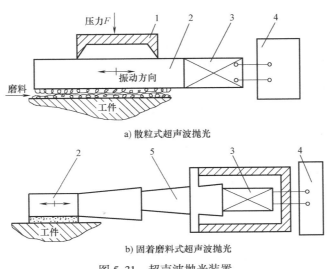

图 5-31　超声波抛光装置

1—固定架　2—工具　3—换能器　4—超声波发生器　5—变幅杆

固着磨料式超声波抛光如图 5-31b 所示。这种方法是把磨料与工具制成一体，就如使用磨石一样，用这种工具抛光，无须另添磨剂，只要加些水或煤油等工作液，其效率比手工用磨石抛光高十多倍。为什么会有如此高的效率呢？这是由于振动抛光时，工具上露出的磨料都在以 2 万次/s 以上的频率进行振动，也就是露出的每一颗磨粒都在以如此高的频率进行微细切削，虽然振幅仅有 0.01~0.025mm，但每秒钟都切削几万次，切除的金属量还是不少的。因为工具的振幅很小，所以加工表面的切痕均匀细密，能达到抛光的目的。这种形式较散粒式超声波抛光节约磨剂，使磨剂利用率和抛光效率得以提高。这种形式的超声波抛光机如图 5-32 所示。

超声波抛光前，工件表面粗糙度 Ra 应为 1.25~2.5μm，经抛光后 Ra 可达 0.63~0.08μm 或更小，抛光精度与操作者的熟练程度和经验有关。

超声波抛光的加工余量与抛光前被抛光表面的质量及抛光后的表面质量有关。最小抛光余量应保证能完全消除由上道工序形成的表面微观几何形状误差或变质层。如对于采用电火

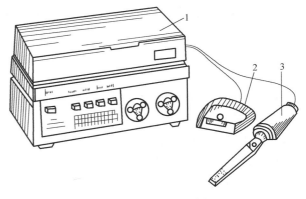

图 5-32　超声波抛光机

1—超声波发生器　2—脚踏开关　3—手持工具

花加工成形的型腔，对应于粗、精加工标准，所采用的抛光余量也不一样。精标准加工后的抛光余量一般为 0.02~0.05mm。

超声波抛光具有以下优点。

1）抛光效率高，能减轻劳动强度。

2）适用于各种型腔模具，对窄缝、深槽、不规则圆弧的抛光尤为适用。

3）适用于不同材质的抛光。

5.8.2 照相腐蚀

照相腐蚀常用于模具工作零件工作型面上的复杂图形、文字和花纹的加工，如目前十分流行的皮革纹、橘皮纹、雨花纹、亚光表面的塑件，其模具工作零件型面上的花纹都是由照相腐蚀方法来加工的。前述电火花加工的电极上的图文也可由照相腐蚀来制作。这种制作方法克服了机械刻制和电火花加工的不足，是一种高质量、低成本、可靠、高效的加工工艺，是照相制版和化学腐蚀相结合的技术。照相腐蚀通过在模具工作零件型面上所要加工图文的部分涂布一层感光胶，紧贴上要加工的透明图案膜版，经感光、显影、清洗，利用感光后胶膜稳定的原理，采用化学腐蚀去掉未被感光部分的金属，以获得带有所需要图文的模具型腔或电极，如图 5-33 所示。

a) 阳文腐蚀

b) 阴文腐蚀

图 5-33　照相腐蚀图文

1. 照相腐蚀的特点及对模具工作零件的要求

（1）照相腐蚀的特点　照相腐蚀作为模具工作零件型面精饰加工的一种特殊工艺，有以下优点。

1）用照相腐蚀加工的图文精度高，图案仿真性强，腐蚀深度均匀，保证加工的塑件具有良好的外观质量。

2）用照相腐蚀加工模具的图文可在零件淬火、抛光后进行，不会因淬火、热处理使零件变形。

3）可以加工模具工作零件的曲面型腔。对于大型模具零件型面可采用滴加腐蚀液进行局部腐蚀，而不影响整个已加工好的表面。

4）由于所加工的图文均匀，模具寿命会提高。

5）不需要大型、专用的设备。

6）由于加工图文是模具工作零件加工的最后一道工序，应保证安全可靠，不可靠的操作会使整个零件报废，而照相腐蚀是一种安全、可靠的工艺。

（2）照相腐蚀对模具工作零件的要求

1）对模具工作零件材料的要求。用照相腐蚀制作图文的钢材除应具有选材的要求，即强度高，韧性强，硬度高，耐磨性、耐蚀性好，可加工性优良，易抛光性等，还应具有良好的图文饰刻性，即钢质纯洁、结晶细小、组织结构均匀。常用的钢材（如45钢、T8、T10、P20、40Cr、CrWMn等）均具有良好的饰刻性，而Cr12、Cr12MoV等材料的饰刻性较差，花纹装饰效果不太理想。另外，由于轧钢厂生产出钢材的纯净程度、有无偏析及方向性等问题的控制不一定一致，在进行照相腐蚀之前，应预先检查一下模具凹模是否存在偏析现象，钢质是否有杂质，以预测花纹的装饰效果，没把握时，应进行一个同样钢种的饰刻试验，经确认后，再在模具工作零件型面上进行照相腐蚀。

在模具的设计制造过程中，凡是凹模要饰刻的部位，材料应使用同一品种、同一批号的钢材，如果在有嵌件和补焊部分的工作零件上加工装饰花纹，就会由于不同钢材的腐蚀参数不同，花纹不一致，影响装饰效果。

材料的一致性并不仅是对一副模具的工作零件饰刻处的材料而言，而应对整个产品及整个系列产品而言。例如：为了使某种型号的轿车车体内具有同一装饰花纹，各工作零件所用材料要尽可能相同。

如果在模具工作零件的补焊部分需要装饰花纹，要选择与其基体一致或相近的材料进行补焊，以免由于材料的腐蚀参数不同，而使腐蚀出的花纹不一致，影响装饰效果。

某些表面热处理工艺，如氮化、电火花强化处理等，使得模具凹模表面钢材的饰刻性降低、均匀性变差，因此这些表面热处理工艺应尽量安排在制作花纹之后再进行。

2）对模具脱模斜度的要求。如果型腔的侧壁要制作图文，则要求其有一定的脱模斜度。脱模斜度除了要根据制件的材料、尺寸、尺寸精度来确定外，还必须要考虑图文深度对脱模斜度的要求。图文越深，脱模斜度也就要求越大。一般来说，它的值在1°~2.5°。如果图文深度在100μm以上，脱模斜度需要增大到4°。如果制件不允许制作较大的脱模斜度，图文要做浅；如果是花纹，也可以考虑做成浅花纹或细砂纹。

3）对模具凹模表面粗糙度的要求。如果模具凹模表面光洁，无疑使工件美观，注射工艺性变好，但增加了加工难度和工时。另外，如在表面质量要求较高的型腔表面上制作图文，则在表面涂感光胶和贴花纹版时，会打滑，不易粘牢。如果模具凹模表面太粗糙，图文的效果就差，因此应根据图文的要求，给出型腔适当的表面粗糙度。如果是亚光细砂纹，取表面粗糙度 Ra 为 $0.4~0.8μm$；细花纹或砂纹取表面粗糙度 Ra 为 $1.6μm$；一般花纹取表面粗糙度 Ra 为 $3.2μm$；如果是粗花纹，表面粗糙度值还可适当增加。

4）尽量采用镶嵌块结构。如果图文面积很小，应该尽量做成镶嵌块，只对镶嵌块进行照相腐蚀。它的优点是：小块腐蚀的工艺性好，容易制作；安全，不会因为腐蚀的失败而破坏已加工好的模具工作零件；工作零件的工作型面磨损后，更换方便。

一般的模具生产单位不都具备用照相腐蚀制作图文的技术。这门技术专业性强，一旦有些差错，会使已加工好的模具工作零件受损，甚至报废，因此可把已加工好并已试模成功的模具（工作零件）连同试模件一同送到专门加工模具图文的单位进行加工。

（3）应用 照相腐蚀这门技术已成功地应用于塑料成型模具和非铁金属压铸模具的凹模型腔花纹加工中，如汽车驾驶室内花纹装饰板的注射模、带有文字、符号的电闸盒压塑模等。

（4）工艺过程 画稿→制版→模具工作零件的表面处理→涂感光胶→贴膜→感光→显

影→坚膜及修补→腐蚀→去胶及整修。

5.9 典型模具零件的加工工艺

5.9.1 典型冲模零件的加工工艺

1. 技术要求

（1）冲模的主要技术要求

1）保证凸、凹模尺寸精度和凸、凹模之间的间隙均匀。

2）表面形状和位置精度应符合要求。如侧壁应该平行，凸模的端面应与中心线垂直；多孔凹模、级进模、复合模都有位置精度要求。

3）表面光洁、刃口锋利，刃口部分的表面粗糙度 Ra 为 $0.4\mu m$，配合表面的表面粗糙度 Ra 为 $0.8 \sim 1.6\mu m$，其余 Ra 为 $6.3\mu m$。

4）凸、凹模工作部分要求具有较高的硬度、耐磨性及良好的韧性。凹模工作部分的硬度要求通常为 $60 \sim 64HRC$，凸模通常为 $58 \sim 62HRC$。铆式凸模多用高碳钢制造，配合部分不要求淬硬，工作部分采用局部淬火。

（2）材料与热处理　冲模常用材料为 T8A、T10A、9Mn2V、9CrSi、CrWMn、Cr12、Cr12MoV 及硬质合金等。

冲模工作零件的预备热处理常采用退火、正火工艺，其目的主要是消除内应力，降低硬度以改善可加工性，为最终热处理做准备。

冲模工作零件的最终热处理是在精加工前进行淬火、低温回火处理，以提高其硬度和耐磨性。

2. 凸模的机械加工工艺过程

（1）圆形凸模的机械加工工艺过程　圆形凸模零件图如图 5-34 所示，圆形凸模的机械加工工艺过程见表 5-4。

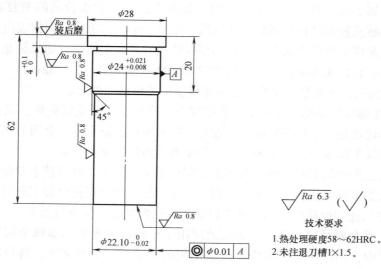

图 5-34　圆形凸模零件图

表5-4　圆形凸模的机械加工工艺过程

工序号	工序名称	工序内容	定位基准	加工设备	备注
0	备料	按尺寸 φ35mm×70mm 锻造毛坯		锻床	
5	热处理	退火			
10	车削	车端面,钻中心孔;以中心孔定位,按图车削成形,刃口和固定部分径向单边留 0.2mm 磨削余量	外圆、中心孔	车床	
15	热处理	淬火保证硬度为 58~62HRC			
20	磨削	以中心孔定位磨圆柱面后,将刃口加长部分切掉	中心孔	磨床	
25	钳工精修	全面达到设计要求	平面、侧面		
30	检验	根据图样对尺寸和形状位置精度进行检验			

（2）非圆形凸模的机械加工工艺过程　加工工艺过程为下料→锻造→退火→粗加工→粗磨基准面→划线→工作型面半精加工→淬火、低温回火→磨削→修研。

非圆形凸模零件图如图 5-35 所示，非圆形凸模的机械加工工艺过程见表 5-5。

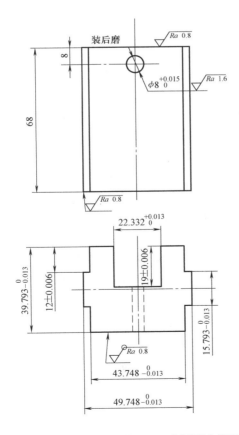

图 5-35　非圆形凸模零件图

表 5-5　非圆形凸模的机械加工工艺过程

工序号	工序名称	工序内容	定位基准	加工设备	备注
0	下料	下圆棒料 ϕ60mm×75mm		锯床	
5	锻造	将毛坯锻成约 48mm×75mm×58mm 的长方体	上、下平面，相邻侧面	锻床	
10	热处理	退火			
15	粗铣	铣六面至尺寸 40.3mm×68.5mm×50.3mm，且互为直角	上、下平面，相邻侧面	铣床	
20	钳工划线并钻孔	钳工划线并加工 ϕ8mm 孔	平面	钻床	
25	热处理	保证 58~62HRC			
30	磨平面	磨上、下平面至图样要求尺寸	上、下平面	磨床	
35	线切割	按图形线切割至图样要求尺寸	下平面	线切割机床	
40	钳工精修	全面达到设计要求	平面、侧面		
45	检验	根据图样对尺寸和形状进行检验			

3. 凹模的机械加工工艺过程

（1）圆形凹模的机械加工工艺过程

1）单孔凹模加工。钻→铰（镗）→热处理→磨削→研磨。

2）多孔（孔系）凹模加工。

① 在普通立式铣床上钻、镗孔→热处理→磨削（在坐标磨床）（适用于型孔间距要求不太高），或在普通立式铣床上钻、镗孔，留研磨量→热处理→钳工研磨型孔。

② 在高精度坐标镗床上钻、镗孔→热处理→磨削（在坐标磨床）（适用于型孔间距要求高）或在高精度坐标镗床上钻、镗孔，留研磨量→热处理→钳工研磨型孔。

（2）非圆形凹模的机械加工工艺过程　下料→锻造→毛坯退火→粗加工六面→粗磨基准面→划线→型孔半精加工→（型孔精加工）→淬火、低温回火→磨上、下平面达要求→精磨（研磨）。

若采用电火花线切割加工，加工工艺过程如下。

下料→锻造→毛坯退火→粗加工六面→粗磨基准面→划线→钻穿丝孔→淬火、低温回火→磨上、下平面达要求→电火花线切割加工型孔（粗加工、半精加工、精加工）→钳工研磨型孔。

5.9.2　典型塑料模零件的加工工艺

1. 圆柱型芯的机械加工工艺过程

圆柱型芯的零件图如图 5-36 所示，其机械加工工艺过程见表 5-6。

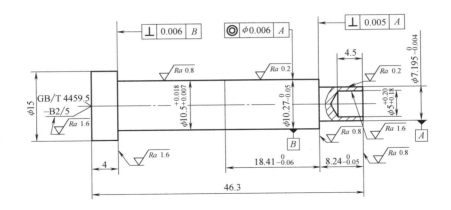

图 5-36 圆柱型芯的零件图

表 5-6 圆柱型芯的机械加工工艺过程

工序号	工序名称	工序内容	定位基准	加工设备	备注
0	生产准备	领取毛坯,检查合格印,检查材料牌号 锯圆钢 φ16mm×50mm 毛坯		锯床	
5	车削	在车床上装夹找正,平端面,钻中心孔,掉头装夹找正,粗车大头外圆至 φ15mm,平端面,保证总长 47.5mm(在小端留工艺余量1mm),钻中心孔	棒料外圆	卧式车床	
10	车削	用鸡心夹头(拨盘)装夹 φ15mm 外圆,粗车小头各外圆至 φ11mm、φ8mm,半精车外圆至 φ10.75mm、φ7.5mm。钻铰 φ5mm 孔至图样尺寸	φ15mm 外圆	卧式车床	
15	热处理	淬火加低温回火,表面硬度达 58~62HRC			
20	钳工	钳工研磨中心孔			
25	磨削	精磨小头两外圆 φ10.75mm、φ7.5mm 至图样要求	中心孔	万能外圆磨床	
30	磨削	调整磨床装夹工件,磨削脱模斜度、长度(按图样尺寸)	中心孔	万能外圆磨床	
35	磨削	在平面磨床上装夹找正,磨 φ7,195mm 端面至总长 46.3mm		平面磨床	
40	钳工	钳工对型芯沿脱模方向进行纵向抛光			
45	检验	按图样对尺寸和形状位置精度进行检验			

2. 圆筒型芯的机械加工工艺过程

圆筒型芯的零件图如图 5-37 所示,其机械加工工艺过程见表 5-7。

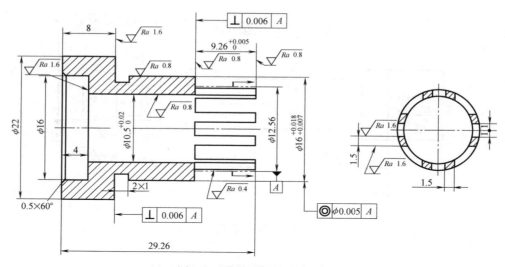

图 5-37 圆筒型芯的零件图

表 5-7 圆筒型芯的机械加工工艺过程

工序号	工序名称	工序内容	定位基准	加工设备	备注
0	生产准备	领取毛坯,检查合格印,检查材料牌号 锯圆钢 $\phi25mm\times32mm$ 毛坯		锯床	
5	车削	在车床上装夹找正,平端面,钻中心孔,粗车外圆至 $\phi23mm$,平端面,钻 $\phi9mm$ 通孔,镗 $\phi15mm$ 内孔,深度 4mm,各锐角处倒钝	棒料外圆	卧式车床	
10	车削	掉头装夹 $\phi23mm$ 外圆,平端面至总长 30mm,车外圆至 $\phi17mm$,车外圆至 $\phi13.5mm$	$\phi23m$ 外圆	卧式车床	
15	热处理	调质			
20	车削	装夹 $\phi17mm$ 外圆,车外圆 $\phi23mm$ 至 $\phi22.5mm$,平端面,扩孔至 $\phi9.9mm$,铰孔或镗孔至图样要求。镗 $\phi16mm$ 内孔、深度 4mm		卧式车床	
25	车削	掉头用心轴装夹,半精车外圆 $\phi17mm$ 至至 $\phi16.4mm$,$\phi13.5mm$ 至 $\phi13mm$,各长度的台肩留磨削余量 0.15mm,精车外圆至 $\phi22mm$,车越程槽 $2\times1mm$	上工序铰好的内孔定心、端面定位	卧式车床	
30	热处理	淬火加低温回火			
35	钳工	用铸铁心轴定位研磨 $\phi10.5mm$ 的中心孔			
40	磨削	用心轴装夹,粗、精磨各外圆孔至图样要求,各台肩至图样要求	中心孔	万能外圆磨床	
45	磨削	磨削 $\phi12.56mm$ 的端面,保证尺寸	$\phi22mm$ 端面	平面磨床	
50	线切割	用专用夹具装夹,切割轴向 8 条槽		电火花线切割机床	
55	钳工	线切割面进行修磨抛光			
60	检验	按图样对尺寸和形状位置精度进行检验			

3. 齿轮型腔的机械加工工艺过程

齿轮型腔的零件图如图 5-38 所示,其机械加工工艺过程见表 5-8。

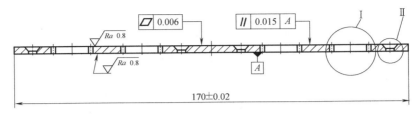

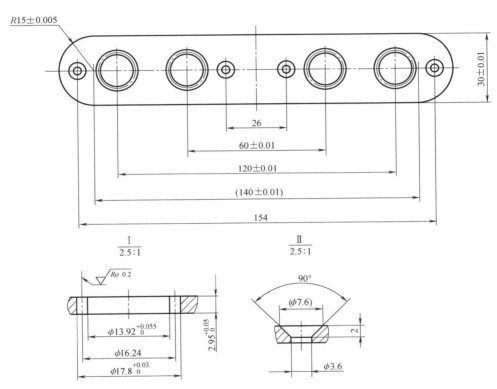

图 5-38　齿轮型腔的零件图

表 5-8　齿轮型腔的机械加工工艺过程

工序号	工序名称	工序内容	定位基准	加工设备	备注
0	生产准备	领取毛坯,检查合格印,检查材料牌号 锯圆钢 ϕ30mm×48mm 毛坯,考虑锻造坯料拔长时端部圆弧的材料消耗		锯床	
5	锻造	锻坯料至尺寸厚 13mm、宽 42mm、长 206mm		锻压机	
10	铣削	①铣削成 200mm×39mm×10mm 的一个六方体,注意铣出两成直角的基准面 ②以铣出的基准面为基准,钻 4 个齿轮型腔的穿丝孔,钻 4×ϕ3.6mm(减小线切割的工时和材料消耗) ③锪 4×ϕ3.6mm 的沉头螺孔,深 2mm		数控铣床	

（续）

工序号	工序名称	工序内容	定位基准	加工设备	备注
15	铣削	铣削外轮廓至尺寸，铣 4 个型腔的底孔，壁厚留 35mm；铣齿轮型腔周边槽，壁厚留 3.5mm（减小线切割的工时和材料消耗）	下平面	数控铣床	
20	热处理	淬火加低温回火，表面硬度达 58~62HRC			
25	磨削	磨削上、下平面，尺寸不要求，以磨平为准	上、下平面互为基准	平面磨床	
30	线切割	装夹以基准面校正，编程切割出齿轮型腔，表面粗糙度达到图样要求。切割齿轮型腔的外周	下平面	慢走丝电火花线切割机床	
35	线切割	侧立装夹，切割出厚度为 3.2mm 齿轮型腔薄片		慢走丝电火花线切割机床	
40	磨削	精磨上、下两平面，使厚度达到图样要求	上、下平面互为基准	平面磨床	
45	钳工	齿轮型腔周边倒棱去毛刺			
50	检验	按图样对尺寸和形状位置精度进行检验			

齿轮型腔的加工除可采用慢走丝电火花线切割加工以外，还可采用插齿刀插削加工或电火花加工。但插齿加工时，需定制一把非标准齿形的插齿刀，而且插削以后的表面粗糙度值比较高，不易于抛光；而用电火花加工时，需制作两把非标准齿形的铜电极（粗、精加工各一把），加工速度比较慢，生产率低。因此，采用慢走丝电火花线切割加工，既可保证各项精度，又方便快捷且成本相对较低。

思考与练习

1. ＿＿＿＿＿＿＿是利用金属在电解液中发生阳极溶解的原理将零件加工成形的一种方法。

2. ＿＿＿＿＿＿＿是电解和机械磨削相结合的一种复合加工方法。

3. 电解磨床由＿＿、＿＿＿＿和＿＿＿三部分组成。

4. 激光加工技术按应用可分为＿＿＿＿、＿＿＿＿、＿＿＿＿、＿＿＿＿。

5. 简述模具制造技术的发展趋势。

6. 简述模具制造的基本要求。

7. 简述选择模具毛坯的原则。

8. 简述电火花加工的特点。

9. 简述电铸加工的优点。

10. 简述用陶瓷型铸造工艺制造模具的特点。

11. 简述型腔冷挤压工艺的特点。

第6章　模具的维护和修理

学习目标
1. 了解模具的维护方法。
2. 了解模具维修常用设备、工具与修配工艺过程。
3. 了解模具维修的常用方法。
4. 了解常用模具的常见故障及修理方法。

学习内容

6.1 模具的维护

模具的维护保养工作，对其良好状态的发挥、确保制件质量、避免事故发生、延长其使用寿命、保证其生产的正常运行，都有着很重要的意义。

6.1.1 模具锈蚀的防护

模具使用后到下一次再用，中间往往要间隔一段时间，因此必须保管好，使其寿命不因为保管不好而受到影响。保养是多方面的，如存放场所通风不好，相对湿度超过70%，会使模具很快生锈。对于模具中的工作零件，如果表面生锈了则会影响使用，严重时无法维修，造成不能使用而报废。所以防锈对模具保养十分重要，必须高度重视。各类模具在停止使用时，应及时对工作零件和滑动件进行防锈处理。防锈的方法很多，最常用的一种是采用防锈剂防锈，即用防锈油或防锈脂涂在零件表面，这种方法比较实用、简便。

1. 防锈油

防锈油是以气缸油为基体，加入精制石蜡10%（质量分数）和蓖麻油5%（质量分数）制成的。

2. 防锈脂

防锈脂根据防锈对象有多种配合剂，如以工业凡士林为基体，加入精制松香10%（质量分数）；工业凡士林50%（质量分数）、46号全损耗系统用油40%（质量分数）、石蜡8%（质量分数）、硬脂酸铝2%（质量分数）；工业凡士林70%（质量分数）、硬脂酸铝7%~8%（质量分数）、石蜡22%~23%（质量分数）；工业凡士林50%（质量分数）、石油磺酸钡50%（质量分数）等。此外，还有各种成品防锈剂。

防锈前将模具中留有的杂物，如脱模时的残渣、污垢、油类等彻底去除，擦干净后在表面均匀涂或刷一薄层防锈剂。根据模具的存放时间长短确定用防锈油或防锈脂。防锈油适用于存放时间稍短的情况，防锈脂适用于存放时间较长的情况。当没有合适的防锈油或防锈脂可供使用时，使用普通机油或黄油也能起到防锈的作用。

模具再次使用时，应将模具上的油除去，擦干净后才可使用。对于注射模，如果油去除不干净，进入模具型腔表面、镶嵌部位及推杆间隙等部位的油，往往会在成型时渗出而使制品出现缺陷。当加工透明塑件时，绝对不允许型腔内有油，必须去除干净。去油的方法是先拆开模具，接着用稀料或其他溶剂刷洗，保证杆类、型芯镶拼部分和型面彻底除油。对于无法拆开的部分，可注入溶剂，一边用压缩空气吹，一边擦洗。对于滑动部位，则应重新注入润滑油，但量要适度，太多了会溢流，严重时会污染制件。

6.1.2 模具机械损伤的防护

模具在制造、装配和使用过程中由于操作不当经常造成机械损伤，如不加防护，对于模具的质量会产生很不利影响，严重时必须经过修理才可使用。

对于注射模，当主浇口料把拔不出时，应该用纯铜棒去顶出而不能用钢棒，因为钢棒容易碰伤浇口；型腔的型面不允许有硬物碰击，因为即使微小的型面伤痕也会使制件表面出现不应有的缺陷。对于大型模具，如果上下两部分分开存放，即使时间不长，为了保护好工作部分，也要用硬纸板或木板覆盖住，必要时写上"小心破坏表面"以警示。

6.1.3 模具的包装与运输

1）模具出厂前应擦拭干净，所有零件表面应涂防锈剂或采用防锈包装。

2）动、定模尽可能整体包装。对于水嘴、油嘴、液压缸、气缸、电气零件允许分体包装，水、液、气、电路进口和出口处应采取封口措施，防止进入异物。

3）出厂模具根据运输要求进行包装，应防潮、防止磕碰，在运输途中保证模具完好无损。

4）包装箱内应附有合格证。

6.2 模具维修常用设备、工具与修配工艺过程

6.2.1 模具维修常用的设备、工具

模具维修常用的设备与工具见表 6-1。

表 6-1 模具维修常用的设备与工具

序号	项目	名　称	用　途
1	使用设备	压力机	能供一般小型冲模冲裁、压弯及拉深用，如 J21-63 型压力机。对于大型冲模、塑料模、锻模、压铸模，可在生产车间内设备上进行
		手动压力机	供小型制件模具调整，导柱、导套的压入、压出
		0.5kN 齿条式手动压力机	供小型零件的压入或压出以及制备件时的压印锉修
		锉床	供锉修零件用
		手推起重小车	供模具运输及搬运用

（续）

序号	项目	名　称	用　途
2	工具	撬杠 	主要用于开启模具
		卡钳 	夹零件和组装模具时使用
		样板夹 	夹样板、配作模具用
		退销棒与拔销器 	用于取圆柱销
		螺钉定位器 	安装螺钉定位用
		铜锤	调整冲模间隙及相互位置
		各种尺寸的内六角圆柱头螺钉扳手	取出或拧紧螺钉用
3	切削工具	细纹整形锉	5～12 支组锉,用于锉修成形
		磨石	各种规格型号的磨石,粒度在 F100～F200,用于修磨零件

（续）

序号	项目	名　　称	用　　途
3	切削工具	砂轮 	粒度为 F40、F60、F80,用于修磨零件
		抛光轮 	有布、皮革及毛毡三种,用于抛光零件用
		砂纸	粒度为 F46、F80、F120、F180,用于零件抛光
4	划线、测量及检验工具	游标卡尺 高度游标卡尺 角度尺 塞尺 半径 1mm 以上的半圆规	划线、测量及检验用

6.2.2　模具修配工艺过程

模具修配工艺过程见表 6-2。

表 6-2　模具修配工艺过程

序号	修　配　工　艺	简　要　说　明
1	分析修理原因	1)熟悉模具图样,掌握其结构特点及动作原理 2)根据制件情况,分析模具需修理的原因 3)确定模具需修理部位,观察其损坏情况
2	制订修理方案	1)制订修理方案和修理方法,即确定出模具大修或小修方案 2)制订修理工艺 3)根据修理工艺,准备必要的修理专用工具及备件
3	修配	1)对模具进行检查,拆卸损坏部位 2)清洗零件,并核查修理原因及方案的修订 3)配备及修整损坏零件,使其达到原设计要求 4)重新装配模具
4	试模与验证	1)对修配后的模具用相应的设备进行试模与调整 2)根据试件进行检查,确定修配后的模具质量状况 3)根据试件情况,检查修配后是否合格 4)确定修配合格的模具,刻上标记入库存放

6.3 模具的修理

6.3.1 模具常见修理方法

1. 堆焊修理法

堆焊修理法采用低温氩弧焊、焊条电弧焊等方法在需要修复的部位进行堆焊，然后再进行修整，主要用来修理局部损坏或需要补缺的地方。当采用焊条电弧焊时，应对焊接部位的周围进行整体预热（40~80℃）与局部性预热（100~200℃），以防止焊接时局部成为高温区而容易发生裂纹和变形等缺陷。此外，为了提高焊接的熔接性能，在堆焊前最好在被焊处加工出5mm左右深的凹坑或用中心钻钻孔等，如图6-1所示。还要防止操作时火花飞溅到其他部位，尤其是型腔表面，要防止其在焊接时出现新的损伤。

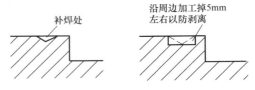

图 6-1　加工出凹坑或孔

2. 镶件修理法

镶件修理法是利用铣床或线切割等加工将需修理的部位加工成凹坑或通孔，然后用一个镶件嵌入凹坑或通孔，达到修理的目的。这种方法不仅在模具修理中得到应用，更多在模具设计时由于各种需要，如便于加工、降低零件成本，而广泛地采用镶件。它不像焊接那样会产生变形，但镶件拼缝会在制件上留有痕迹。此外，要进行镜面抛光或花纹加工时，虽然镶件与镶体的材料相同，仍容易在表面出现不同状况。

3. 扩孔修理法

当各种杆的配合孔因滑动而磨损时，可扩大孔径，使之与相应大的杆径配合。

4. 凿捻修理法

如图6-2所示，当模具的型面局部有浅而小的伤痕时（图6-2a中箭头所示），可以利用小锤子和錾子在离开型腔部位2~3mm处进行凿捻，如图6-2b所示，使型腔表面的某一部分因变形而增高，然后通过修光达到修理的目的，如图6-2c所示。

5. 增生修理法

当型腔面的局部因加工过程中失误或其他原因出现损坏时，采用焊接、镶件或凿捻修理又不适宜的情况下，可以采用增生修理法。如图6-3所示，在离型腔部分3~5mm处钻个孔，再把销插入孔内，在加热的同时，用锤子敲击销，使其局部增生，长出足够的料，然后再进

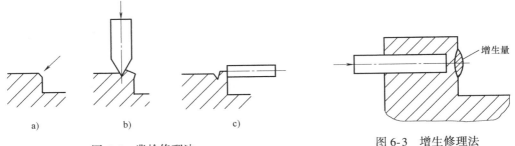

a)　　　　　b)　　　　　c)

图 6-2　凿捻修理法

图 6-3　增生修理法

行修整，达到修理的要求。采用此法要注意增生量和敲击力不要过大，否则容易产生裂纹。插入孔内的销最后应焊牢或用螺钉固定住。

6. 电镀修理法

电镀在模具中主要用于提高表面光亮度、增加亮度及耐蚀性等要求的型腔和型芯零件上。电镀作为模具修理的一种方法，只适用于为了使整体制件壁厚适当变小的场合，这是由于型腔或型芯通过电镀以后，其表面生长一薄镀层，从而能达到减小制件壁厚的目的。

获得镀层的方法有很多，应用在模具方面主要有电镀铬和化学镀镍。

电镀铬分为取得美观和光泽的装饰铬和镀硬铬两种。装饰铬一般先在钢表面上镀铜（层厚约 $20\mu m$）、镍（层厚 $10\mu m$），然后再镀铬（$0.5\mu m$ 左右）。镀硬铬时一般不进行底层处理，镀层厚度可达 $5\sim80\mu m$。注射模中镀层厚度常为 $100\sim125\mu m$，镀层的硬度可达 60HRC 以上。

化学镀镍是一种不使用电，而把工件浸渍在金属溶液中进行化学镀的方法，一般镀层厚度为 $125\mu m$，误差 10% 以下。

6.3.2 冲模（凸、凹模）的修理

1. 冲裁模的常见故障及修理方法

冲模在使用过程中，总会出现一些故障。这些故障可以通过各种方法来进行修理，一方面可以增加模具的使用寿命，同时也降低了模具的成本。冲裁模常见故障现象、产生原因及修理方法见表 6-3。

表 6-3　冲裁模常见故障现象、产生原因及修理方法

常见故障现象	产生原因	修理方法
制件尺寸发生变化	1）凸模与凹模尺寸发生变化或凹模刃口被啃坏，凸、凹模损坏了某部位 2）定位销、定位板被磨损，不起定位作用 3）在剪切模或冲孔模中，压料板不起作用，而使制件受力，引起弹性跳起 4）条料没有送到规定位置或条料太窄，在导板内发生移动	1）制件外形尺寸变大，可卸下凹模，更换或采用凿捻、镶件、堆焊等方法修配；制件内孔变小，可以用同样的方法修配 2）检查原因，更换新的定位零件，或仔细调整位置继续使用 3）修理承压板或压料板橡皮，使其压紧坯料后进行冲裁 4）改善工艺条件，按规定的工艺制度严格执行
制件内孔与外形相对位置发生变化	1）凸模与凹模由于长期使用，紧固零件或固紧方式变化，发生位置移动 2）在连续模中，侧刃长期被磨损而尺寸变小 3）导钉位置发生变化或两个导钉定位时，导钉由于受力后发生扭转，使定位、导向不准 4）定位零件失灵	1）固紧凸、凹模或重新安装，保证原来的精度及间隙值 2）侧刃长度应与步距尺寸相等，当变小时，应更换新的侧刃凸模 3）更换导钉，调好位置 4）重新更换、安装定位零件
制件出现毛刺，而且越来越大	1）凸、凹模刃口变钝、局部磨损及破裂 2）凸、凹模硬度太低，长期磨损使刃口变钝 3）凸、凹模间隙不均匀 4）凸、凹模相互位置变化，造成单边间隙 5）凹模刃口制成倒锥形 6）拼块凹模拼合不紧密，配合面有缝隙存在 7）凸、凹模局部刃口被啃坏或产生凹坑及印痕 8）搭边值小，模具设计不合理	1）刃磨刃口，使其变锋利 2）更换新的凸、凹模零件 3）调整导柱、导套配合间隙，把凸、凹模间隙调匀 4）调整凸、凹模相对位置，并紧固螺钉 5）修磨刃口或更换新的凸、凹模 6）检查拼块拼合状况，若发现因松动产生缝隙，应重新镶拼 7）更换凸、凹模，或在平面磨床上刃磨刃口平面 8）加大搭边值

（续）

常见故障现象	产生原因	修理方法
制件表面越来越不平	1）压料板失灵，制件冲压时翘起 2）卸料板磨损后与凸模间隙变大，在卸料时易使制件单面及四角带入卸料孔内，使制件发生弯曲变形 3）凹模呈倒锥 4）条料本身不平	1）调整及更换压料板，使之压力均匀（0.5mm板料可以用橡皮压料） 2）重新浇注（低熔点合金）卸料孔，始终与凸模保持适当间隙值 3）更换凹模或进行修整 4）更换条料
制件与废料卸料困难	1）复合模中顶杆、打料杆弯曲变形 2）卸料弹簧及橡皮弹力失效 3）卸料孔与凸模磨损后间隙变大，凸模易于把制件带入卸料孔中，卡住条料及制件，不易卸出 4）复合模中卸料器顶杆长短不齐或歪斜 5）工作时润滑油太多，将制件粘住 6）漏料孔被制件废料堵塞	1）更换或修整打料杆、顶杆 2）更换新的弹簧及橡皮 3）重新修整及浇注卸料孔 4）修整卸料器顶杆 5）适当放润滑油 6）加大漏料孔
制件只有压印而剪切不下来	1）凸、凹模刃口变钝 2）凸模进入凹模深度太浅 3）凸模长期使用，与固定板配合发生松动，受力后凸模被拔出	1）磨修刃口，使其变锋利 2）调整压力机闭合高度，使凸模进入凹模深度适中 3）重新装配凸模
凸模弯曲或折断	1）凸模硬度太低，受力后弯曲，硬度高则易折断碎裂 2）在卸料装置中顶杆弯曲，致使活动卸料器在冲压过程中将凸模折断或弯曲 3）上、下模板表面与压力机台面不平行，致使凸模与凹模配合间隙不均，使凸模折断或弯曲 4）长期使用的螺钉及销松动，使凹模孔与卸料孔不同轴，致使凸模折断 5）导柱、导套、凸模由于长期受冲击振动而与支撑面不垂直 6）凹模孔被堵，凸模被折断，凹模被挤裂	1）正确控制热处理硬度 2）检查卸料器受力状况，若发现顶杆长短不一或弯曲，应及时更换 3）重新安装模具于压力机上 4）经常检查模具，预防螺钉及销松动 5）重新调整、安装模具 6）经常检查凹模孔状况，发生堵塞及时疏通
凹模碎裂或刃口被啃坏	1）凹模淬火硬度过高 2）凸模松动与凹模不垂直 3）紧固件松动，致使各零件发生位移 4）导柱、导套间隙发生变化 5）凸模进入凹模太深或凹模有倒锥 6）凹模与压力机工作台面不平行	1）更换凹模 2）重新装配 3）紧固各紧固件，重新调整模具 4）修理导向系统 5）调整压力机闭合高度，或更换凸、凹模 6）重新安装冲模在压力机台面上
送料不通畅或被卡死	1）导料板之间位置发生变化 2）有侧刃的连续模，导料板工作面和侧刃不平行使条料卡死 3）侧刃与侧刃挡块松动 4）凸模与卸料孔间隙太大	1）调整导料板位置 2）重装导料板 3）修整侧刃挡块，消除两者之间间隙 4）重新浇注或修整卸料孔

2. 弯曲模常见故障及修理方法

弯曲模常见故障现象、产生原因及修理方法见表6-4。

表6-4 弯曲模常见故障现象、产生原因及修理方法

常见故障现象	产生原因	修理方法
弯曲件形状和尺寸超差	1)定位板或定位销位置变化或被磨损后,定位不准确 2)模具内部零件由于长期使用后松动或凸、凹模磨损	1)更换新的定位板及定位销或重新调整使定位准确 2)紧固零件,修整或更换凸、凹模
弯曲件弯曲后产生裂纹或开裂	1)凸模与凹模位置发生偏移 2)凸、凹模长期使用后表面粗糙 3)凸、凹模表面有裂纹或破损	1)重新调整凸、凹模位置 2)抛光 3)更换凸、凹模
弯曲件表面不平或出现凹坑	1)凸、凹模表面粗糙 2)在冲压时,有杂物混入凹模中,碰坏凹模或使制件每次冲压时有凹坑 3)凸、凹模本身有裂纹	1)抛光、修磨 2)每次冲压后,要清除表面杂物 3)更换凸、凹模

3. 拉深模常见故障及修理方法

拉深模常见故障现象、产生原因及修理方法见表6-5。

表6-5 拉深模常见故障现象、产生原因及修理方法

常见故障现象	产生原因	修理方法
拉深件的形状及尺寸发生变化	1)冲模上的定位装置磨损后变形或偏移 2)凸凹模间隙变大 3)冲模中心线与压力机中心线以及与压力机台面位置发生变化	1)调整或更换新的定位装置 2)修整或更换凸、凹模 3)重新安装模具于压力机上
拉深件出现皱纹及裂纹现象	1)凸、凹模表面有明显的裂纹及破损 2)压边圈压力过大或过小 3)凹模圆角被破坏,产生锋刃 4)间隙变化,间隙小被拉裂,间隙大易起皱	1)更换凸、凹模 2)调整压边力大小 3)修整凹模圆角半径 4)重新调整间隙,使之均匀合适
拉深件表面出现擦伤及划痕	1)凸、凹模部分损坏,有裂纹或表面碰伤 2)冲模内部不清洁,有杂物混入 3)润滑油质量差 4)凹模圆角被破坏或表面粗糙	1)更换凸、凹模 2)清除表面杂物 3)更换润滑油 4)修整凹模并抛光表面

4. 挤压模常见故障及修理方法

挤压模常见故障现象、产生原因及修理方法见表6-6。

表6-6 挤压模常见故障现象、产生原因及修理方法

常见故障现象	产生原因	修理方法
制件被拉裂	1)凸、凹模的中心线发生相对位移,不同心 2)凸模的中心线与机床台面不垂直	1)重新调整凸、凹模相对位置 2)在压力机上重新安装冲模,使其中心线垂直于工作台面
制件从冲模中取不下来	1)冲模的卸料装置长期使用后,内部零件相对位置变化及损坏 2)润滑油太少或毛坯未经表面处理	1)更换及调整卸料装置零件 2)正确使用润滑油或处理毛坯表面

（续）

常见故障现象	产生原因	修理方法
凸模被折断	1）毛坯端面不平或与凹模之间间隙过大、凸凹模不同心 2）表面质量降低，有划痕及磨损，引起应力集中 3）工作过程中，反复受压缩应力和拉应力影响	1）保证毛坯端面平整，凸、凹模同心度<0.15mm，凹模与毛坯间隙应控制在0.1mm左右 2）抛光凸、凹模表面 3）更换凸模，选用高强度、高韧性材料
凹模碎裂	1）表面质量差 2）硬度不均匀 3）截面过渡处变化大 4）加工质量差 5）组合凹模的预应力低 6）润滑不良 7）表面脱碳	1）采用氮化处理，强化表面层 2）改善热处理条件，使表面硬度均匀 3）改善凹模，重新制造凹模 4）改善加工质量，增大过渡圆弧 5）增大组合凹模的预应力 6）提高坯料的润滑质量 7）热处理采取防脱碳措施或盐浴炉加热

6.3.3　注射模的修理

注射模常见故障现象、产生原因及修理方法见表6-7。

表6-7　注射模常见故障现象、产生原因及修理方法

常见故障现象	产生原因	修理方法
塑料成型不完整	1）流道太小，增加了流体阻力 2）流道、浇口有杂质、异物或碳化物堵塞 3）流道、浇口表面粗糙有伤痕，表面质量不良，料流不畅 4）排气孔道堵塞，排气不畅	1）加大主流道直径，流道、分流道截面制成圆形 2）清理杂质、异物或碳化物，防止堵塞 3）修复流道、浇口 4）疏通排气孔道
溢料（飞边）	1）分型面上粘有异物 2）模框周边有凸出的撬印毛刺 3）滑动型芯配合精度不良 4）固定型芯与型腔安装位置偏移 5）排气孔道堵塞	1）清除分型面上的异物 2）清除撬印毛刺 3）提高其配合精度 4）调整固定型芯与型腔的安装位置 5）疏通排气孔道
凹痕	1）冷却水道生垢 2）排气沟槽阻塞	1）冷却水道除垢，疏通 2）检查并疏通
银纹、气泡和气孔	1）排气孔道堵塞 2）模具表面磨损，磨损力增大造成局部树脂分解	1）疏通排气孔道 2）修复模具表面，使其达到规定的表面粗糙度
熔接痕	排气不良，排气孔道堵塞	疏通排气孔道
变色	1）模具排气不良，塑料被绝热压缩，在高温下与氧气剧烈反应，烧伤塑料 2）模内润滑剂、脱模剂太多	1）疏通排气气孔 2）润滑剂、脱模剂应适量
黑斑或黑液	1）型腔内有油 2）从顶出装置中渗入油	1）清除型腔内的油 2）检查顶出装置，防止渗油并清除型腔内的油
烧焦暗纹	排气孔道堵塞	疏通排气孔道

（续）

常见故障现象	产生原因	修理方法
光泽不好	1）型腔表面粗糙度值太大 2）排气孔道堵塞	1）修复模具表面,达到规定的表面粗糙度 2）疏通排气孔道
脱模困难	1）冷却水道冷却效果不良,造成模温过高 2）型腔表面粗糙	1）疏通冷却水道,加大冷却水量 2）修复型腔表面
翘曲变形	制件受力不均	检查并修复顶出装置

6.3.4 锻模的修理

型腔模主要包括锻模、塑料压缩模、挤缩模、塑料注射模、合金压铸模等。这类模具除锻模外,在工作时受的冲击力较小,故不易损坏与破裂,只是在使用时,型腔受材料影响而表面质量降低。因此,必须及时对其进行抛光,使其恢复到原来的工作状态,保证产品质量。其他部件,如导向机构、推出机构等发生故障后的修理方法基本与冲模相同。而锻模由于工作条件恶劣,受冲击较大,损坏、破损的情况较多。

锻模常见故障及修理方法见表6-8。

表6-8 锻模常见故障及修理方法

常见故障现象	简　图	修理方法
局部表面微裂纹、圆角部分隆起、突起部分塌陷、局部开裂、模膛变形		微小裂损可在工位上用电动或气动砂轮机（带有软轴及磨头）、錾子、刮刀、扁铲等工具进行现场修理
锻模局部断裂	焊接　裂纹	锻打时由于预热不好、砧座不平等原因,结果致使锻模断裂,可在锻模两侧以补焊方法修复
复杂型面处断裂		利用补焊修复
筋、凸起和毛边槽桥部碎裂		采用堆焊同类金属的方法修复,堆焊后用手砂轮打磨出所需形状

6.3.5 模具其他方面的修理

1. 螺孔和销孔的修理

螺孔和销孔的修理方法见表6-9。

表6-9 螺孔和销孔的修理方法

常见故障现象	简 图	修理方法
螺孔损坏	改成大孔	扩孔修理法:将损坏的螺孔扩大改成直径较大的螺孔,然后重新选用相应的螺钉 优点:修理方便,牢固可靠 缺点:所有螺钉过孔包括沉头孔等重新加工,比较麻烦
	柱塞 孔口铆平	镶嵌柱塞法:将损坏的螺孔扩大成圆柱孔,镶嵌入柱塞,然后再重新按原位置原大小加工螺孔。要求镶嵌的柱塞与孔不但进行过盈配合的压配,而且当螺钉旋入螺孔时,柱塞不能跟着转 优点:不需要换新螺钉,其他部分也不需要扩或锪孔 缺点:比较费时
销孔损坏	螺纹柱塞	扩孔修理法:将原销孔扩大后通过压入柱塞再两端铆接或是旋入螺纹柱塞后,再加工成原孔径大小的销孔,保证销与孔配合合理 此法只改动销孔损坏的板件,其他板件上的销孔不用变动
		更换销法:对于有些销孔偏大的情况,可以选用直径合适的销直接装配 此法适用于销孔磨损大的情况

2. 定位零件的修理

定位零件的修理方法见表6-10。

表6-10 定位零件的修理方法

零件名称	修理原因	修理方法
定位销 定位钉 定位板 导正销	长期使用后磨损或定位板紧固螺钉、销松动使定位不准	1)更换新的定位钉、定位销或导正销,重新调整后使用 2)重新调整紧固螺钉及销,使其定位准确 3)若定位销孔磨损或变形,可在原孔位置用直径大一点的钻头扩孔,然后压入柱塞再重新调整加工螺孔,保证定位准确
导柱 导套	长期使用及相对运动次数增加而产生磨损	更换新的导柱、导套

思考与练习

1. _____是利用铣床或线切割等加工将需修理的部位加工成凹坑或通孔，然后用一个镶件嵌入凹坑或通孔达到修理的目的。

2. 化学镀镍一般镀层厚度为_____，误差_____以下。

3. 简述模具包装与运输的注意事项。

4. 简述模具常见的修理方法。

参 考 文 献

[1] 周晔，王晓澜. 模具工实用手册 [M]. 南昌：江西科学技术出版社，2004.

[2] 于丽君. 模具新技术新工艺概论 [M]. 北京：机械工业出版社，2012.

[3] 李京平. 模具现代制造技术概论 [M]. 北京：机械工业出版社，2011.

[4] 曾珊琪，丁毅. 模具制造技术 [M]. 北京：化学工业出版社，2008.

[5] 黄雁，彭华太. 塑料模具制造技术 [M]. 广州. 华南理工大学出版社，2003.

[6] 陈婷. 模具导论 [M]. 北京：航空工业出版社，2012.

[7] 范有发. 冲压与塑料成型设备 [M]. 北京：机械工业出版社，2013.

[8] 陈良辉. 模具工程技术基础 [M]. 北京：机械工业出版社，2012.

[9] 柳燕君，杨善义. 模具制造技术 [M]. 北京：高等教育出版社，2011.

[10] 模具设计与制造技术教育丛书编委会. 模具常用机构设计 [M]. 北京：机械工业出版社，2013.

[11] 模具设计与制造技术教育丛书编委会. 模具制造工艺与装备 [M]. 北京：机械工业出版社，2011.

[12] 翟德梅，段维峰. 模具制造技术 [M]. 北京：化学工业出版社，2005.

[13] 王广春，赵国群. 快速成型与快速模具制造技术及其应用 [M]. 北京：机械工业出版社，2003.

[14] 陈锡栋，周小玉. 使用模具技术手册 [M]. 北京：机械工业出版社，2003.

[15] 彭建声，吴成明. 简明模具工实用技术手册 [M]. 北京：机械工业出版社，2004.

[16] 杨占尧. 模具导论 [M]. 北京：高等教育出版社，2010.

[17] 汪建敏，张应龙. 锻造工 [M]. 北京：化学工业出版社，2004.

[18] 中国机械工程学会塑性工程学会. 锻压手册——锻压车间设备 [M]. 3 版. 北京：机械工业出版社，2008.

[19] 中国机械工程学会塑性工程学会. 锻压手册——锻造 [M]. 3 版. 北京：机械工业出版社，2013.

[20] 魏汝梅. 锻造工 [M]. 北京：化学工业出版社，2004.

[21] 李集仁. 高级冲压、锻压模具工技术与实例 [M]. 南京. 江苏科学技术出版社，2004.

[22] 赵万生，刘晋春. 实用电加工技术 [M]. 北京：机械工业出版社，2012.

[23] 徐政坤. 冲压模具设计与制造 [M]. 北京：化学工业出版社，2011.

[24] 杨叔子. 机械加工工艺师手册 [M]. 北京：机械工业出版社，2002.

[25] G. 曼格斯，P. 默兰. 塑料注射成型模具的设计与制造 [M]. 北京：中国轻工工业出版社，1993.

[26] 许超. 高级注射模具工技术与实例 [M]. 南京. 江苏科学技术出版社，2004.

[27] 章飞. 型腔模具设计与制造 [M]. 北京：化学工业出版社，2003.

[28] E. 林纳，P. 恩格. 注射模具 130 例 [M]. 北京：化学工业出版社，2005.

[29] 李学锋. 模具设计与制造实训教程 [M]. 北京：化学工业出版社，2001.

[30] 金涤尘，宋放之. 现代模具制造技术 [M]. 北京：机械工业出版社，2005.

[31] 浙大旭日-卫兵工作室，单岩. 模具数控加工 [M]. 北京：机械工业出版社，2005.

[32] 模具实用技术丛书编委会. 模具制造工艺装备及应用 [M]. 北京：机械工业出版社，2003.

[33] 赵世友. 模具工使用技术 [M]. 沈阳. 辽宁科学技术出版社，2004.

[34] 《冲模设计手册》编写组. 冲模设计手册 [M]. 北京：机械工业出版社，2003.

[35] 印红羽，张华诚. 粉末冶金模具设计手册 [M]. 2 版. 北京：机械工业出版社，2002.

[36] 《塑料模设计手册》编写组. 塑料模设计手册 [M]. 3 版. 北京：机械工业出版社，2004.

[37] 潘宪曾. 压铸模设计手册 [M]. 2 版. 北京：机械工业出版社，2002.